Traut, Wobbe
Physikalischer Schaumspritzguss

Bleiben Sie auf dem Laufenden!

Hanser Newsletter informieren Sie regelmäßig über neue Bücher und Termine aus den verschiedenen Bereichen der Technik. Profitieren Sie auch von Gewinnspielen und exklusiven Leseproben. Gleich anmelden unter
www.hanser-fachbuch.de/newsletter

Die Internet-Plattform für Entscheider!

Exklusiv: Das Online-Archiv der Zeitschrift Kunststoffe!

Richtungsweisend: Fach- und Brancheninformationen stets top-aktuell!

Informativ: News, wichtige Termine, Bookshop, neue Produkte und der Stellenmarkt der Kunststoffindustrie

Traut Hartmut
Wobbe Hans

Physikalischer Schaumspritzguss

Grundlagen für den
industriellen Leichtbau

Unter Mitwirkung von
Roger Kaufmann, Arno Rogalla, Philipp Hammer, Harald
Heitkamp, Uwe Kolshorn, Sebastian Pirl, Patrick Stolz

HANSER

Bibliografische Information der Deutschen Nationalbibliothek:
Die Deutsche Nationalbibliothek verzeichnet diese Publikation in der Deutschen Nationalbibliografie; detaillierte bibliografische Daten sind im Internet über <*http://dnb.d-nb.de*> abrufbar.

Die Wiedergabe von Gebrauchsnamen, Handelsnamen, Warenbezeichnungen usw. in diesem Werk berechtigt auch ohne besondere Kennzeichnung nicht zu der Annahme, dass solche Namen im Sinne der Warenzeichen- und Markenschutzgesetzgebung als frei zu betrachten wären und daher von jedermann benutzt werden dürften.

Alle in diesem Buch enthaltenen Verfahren bzw. Daten wurden nach bestem Wissen dargestellt. Dennoch sind Fehler nicht ganz auszuschließen. Aus diesem Grund sind die in diesem Buch enthaltenen Darstellungen und Daten mit keiner Verpflichtung oder Garantie irgendeiner Art verbunden. Autoren und Verlag übernehmen infolgedessen keine Verantwortung und werden keine daraus folgende oder sonstige Haftung übernehmen, die auf irgendeine Art aus der Benutzung dieser Darstellungen oder Daten oder Teilen davon entsteht.

Dieses Werk ist urheberrechtlich geschützt. Alle Rechte, auch die der Übersetzung, des Nachdruckes und der Vervielfältigung des Buches oder Teilen daraus, vorbehalten. Kein Teil des Werkes darf ohne schriftliche Einwilligung des Verlages in irgendeiner Form (Fotokopie, Mikrofilm oder einem anderen Verfahren), auch nicht für Zwecke der Unterrichtsgestaltung – mit Ausnahme der in den §§ 53, 54 URG genannten Sonderfälle –, reproduziert oder unter Verwendung elektronischer Systeme verarbeitet, vervielfältigt oder verbreitet werden.

Aus Gründen der besseren Lesbarkeit wird bei Personenbezeichnungen und personenbezogenen Hauptwörtern in diesem Buch überwiegend die männliche Form verwendet. Entsprechende Begriffe gelten im Sinne der Gleichbehandlung grundsätzlich für alle Geschlechter. Die verkürzte Sprachform hat nur redaktionelle Gründe und beinhaltet keine Wertung.

© 2023 Carl Hanser Verlag München
www.hanser-fachbuch.de
Lektorat: Mark Smith
Herstellung: Cornelia Speckmaier
Coverconcept: Marc Müller-Bremer, www.rebranding.de, München
Coverrealisierung: Max Kostopoulos
Satz: Eberl & Koesel Studio, Kempten, Germany
Druck und Bindung: CPI books GmbH, Leck
Printed in Germany

ISBN: 978-3-446-45406-4
E-Book-ISBN: 978-3-446-46964-8

Vorwort

Der industrielle Spritzgießprozess wird durch den Kompaktspritzguss dominiert, trotz vielfältiger vorhandener Sonderverfahren. Von diesen rückt ein Verfahren, das Schäumen von Kunststoffen, aufgrund seines Potenzials als treibende Kraft des Megatrends Leichtbau, in den Fokus.

Dabei geht es um das chemische und das physikalische Schäumen von Kunststoffen. Das letztere, das physikalische Schäumen, nimmt heute die größere Bedeutung im Anwendungsspektrum ein. Das war allerdings nicht immer so. Basierend auf einem Patent des MIT (Massachusetts Institute of Technology) verbreitete sich das physikalische Schäumen erst seit Ende der 1990er/Anfang der 2000er Jahre über die weltweit agierenden Hersteller von Spritzgießmaschinen. Die interessierten Maschinenhersteller schlossen Verträge mit dem Patentinhaber - der Firma Trexel Inc. USA - ab, und begannen mit der Vermarktung. Beide Herausgeber dieses Buches erinnern sich noch gut an diese Anfänge, da sie beide bei Vertragsunterzeichnungen agierten.

Heute steht der physikalische Schaumspritzguss an der Schwelle, neben dem etablierten Kompaktspritzguss, zu einem weiteren Standardverfahren aufzuschließen. Im Mittelpunkt unserer Betrachtungen stehen daher Antworten auf die Fragestellung, die diesem Ziel bisher im Wege standen: Warum hat sich der physikalische Schaumspritzguss nicht weiter durchgesetzt, obwohl es schon jetzt so viele herausragende Beispielanwendungen gibt, die für diese Technologie sprechen?

Wie bei der Einführung aller neuen innovativen Technologien stehen auch für den Schaumspritzguss notwendigerweise Investitionen an. Dabei denken wir hier jedoch nicht an das nötige Maschinenequipment für die Produktion. Die monetäre Bewertung, die Herstellkosten mittels Kompaktspritzgießen mit denjenigen Kosten nach dem Schaumspritzverfahren zu vergleichen, überlassen wir gerne dem Kaufmann.

Wir denken an Investitionen in die Ausbildung der Produktdesigner für die schaumspritzgerechte Bauteilkonstruktion, an Investitionen zur Formulierung entsprechender Richtlinien und Normen, an Investitionen zur Erarbeitung von Materialkarten und ähnliches. Fragen Sie hierzu die für Forschung und Ausbildung zuständigen Hochschulen, so lautet die Antwort stets: *„Der Prozess ist doch entwickelt, worauf warten Sie? Nun ist die Industrie am Zuge!"* Bei den oben formulierten Fragestellungen befinden wir uns offensichtlich in einer ungeklärten „Grauzone" zwischen der Ingenieurwissenschaft und der Industrie. Doch ist die Ingenieurwissenschaft nicht eng verwoben mit der Industrie, und sollten miteinander den Dialog suchen? Bei unserem Thema ist das offensichtlich weniger der Fall.

Wir als Herausgeber haben daher beim VDI die Richtlinie 2021 initiiert, die voraussichtlich in 2022/2023 erscheinen wird, und wollen mit diesem Buch auch zu den bisher fehlenden Konstruktionsrichtlinien beitragen. Auch der letzte fehlende Bereich der Materialkarten wird besprochen. Offen gestanden ist dies jedoch das letzte fehlende Glied zum Durchbruch des Schaumspritzgießens als zweites Standardverfahren, da von den eigentlich zuständigen Materialherstellern wenige Impulse zur Problemlösung ausgehen. D. h. im konkreten, es fehlen Materialdaten, ohne die kein Teilekonstrukteur detaillierte Berechnungen anstellen kann. Verarbeiter, die konsequent und kompromisslos in die Technologie des Schaumspritzgießens einsteigen, müssen daher hinsichtlich der Materialfrage momentan eigene Arbeit investieren. Ein Wettbewerbsvorteil wird jedoch die Belohnung sein.

Das vorliegende Buch mit seiner breiten Darstellung aller wichtigen Themenbereiche soll nicht nur dem Einsteiger ein wichtiger Ratgeber sein, sondern auch dem fortgeschrittenen Anwender des Schaumspritzgießens eine Hilfestellung bei aktuellen Fragestellungen geben.

Die Herausgeber bedanken sich ganz besonders bei den Autoren und Co-Autoren zu den einzelnen Kapiteln und Abschnitten für ihre Bereitschaft zur Mitarbeit und für ihre Ausdauer und Geduld während der langen Entstehungsphase dieses Buchprojektes. Insbesondere möchten wir an dieser Stelle Herrn Roger Kaufmann danken, der uns mit reinem Expertenwissen über die wichtigen Bereiche der Anwendung der Prozess-Simulation und des Werkzeugbaus tatkräftig unterstützte. Weiterhin sind die Herausgeber den Mitarbeitern des Carl Hanser Verlages zu großem Dank verpflichtet, für ihre Hilfsbereitschaft und großzügige Unterstützung bei der Koordination der Arbeiten im Verlag. Ein weiterer großer Dank geht an Frau Angelika Wobbe, die nicht nur die Fäden zusammenhalten musste, sondern auch die sorgfältige Durchsicht und Korrektur der Buchkapitel übernommen hat.

Siegen, *Hartmut Traut*
Hitzacker (Elbe), *Hans Wobbe*
Im Oktober 2022

Geleitwort

Was bremst Technologie? Oftmals die persönliche Risikoabwägung. Gründe hierfür sind zum einen vielleicht in der Bequemlichkeit, zum anderen in der Umsetzung des Gewohnten, des vermeidlich Bewährten, zu finden. Nicht selten ist es aber auch einfach nur Unwissenheit. Die Unwissenheit über Chancen und Risiken sowie die Unsicherheit, diese richtig zu bewerten, um eine Umsetzung zu wagen. Sich trauen und nicht zögern, um nutzenstiftende Potenziale zu heben. Häufig verhält es sich genauso, wenn es um den Einsatz der Technologie des physikalischen Schaumspritzgusses geht: „Ist das nicht alles Voodoo?" – womit wir wieder bei der Ungewissheit und damit bei der Risikoabwägung wären.

Aber so einfach ist es dann doch nicht. Das gute robuste Engineering von Produkten, Werkzeugen, Maschinen und Prozessen basiert neben der Tiefe von Fachkenntnis auch auf dem ingenieurwissenschaftlich gesunden Menschenverstand. Also auf einem wertvollen Erfahrungsschatz eines Fachexperten, gerne auch auf dem Bauchgefühl des Fachmannes. Die gekonnte Mischung aus beidem ist im Ergebnis ein Garant, fähige und auch wirtschaftliche Fertigungsprozesse zu entwickeln, mit denen dann qualitativ hochwertige und den Anforderungen entsprechende Produkte hergestellt werden.

Und genau an dieser Stelle setzt das Werk der Herausgeber Traut und Wobbe an. Aufklären, Sicherheit herstellen, risikobewusst in die Umsetzung gehen. Die Technologie des physikalischen Schaumspritzgusses gibt es schon seit gut 20 Jahren. Zu Beginn stark reglementiert aufgrund bestehender Patente durch das Unternehmen Trexel, wodurch die Durchdringung von MuCell® auf den Produktionshallenböden entsprechend verhalten war. Durch dieses Hemmnis konnte sich das Verfahren nur langsam in der Kunststoffwelt etablieren. Hinzu kommt, dass in den Anfangsjahren das Augenmerk häufig auf die generelle Ertüchtigung der Prozesstechnologie, deren Umsetzungsmöglichkeiten und Leistungsvielfalt gelegt wurde. Nun könnte man meinen, da der Prozess steht, geht es jetzt in die Produktion. Aber bekanntermaßen beginnt die Industrialisierung einer Prozesstechnologie schon mit der Produktentwicklung. Man könnte auch sagen, der Prozess folgt dem Produkt mit seinen Anforderungen und Spezifikationen, und nicht umgekehrt. Macht ja auch Sinn, erst das *Was* und *Wofür* zu klären, um dann daraus das *Wie* und *Womit* folgen zu lassen. Klassisch, aber bewährt – leider nicht immer in der Praxis so umgesetzt. Aber das ist ein anderes Thema…

Um die vielversprechenden Vorteile des physikalischen Schaumspritzgusses, wie z. B. Gewichtsreduktion, Minimierung von Schwindung und Verzug, Zykluszeitminimierung – um nur einige zu nennen – erfolgreich umsetzen zu können, ist es notwendig, schon in der Produktentwicklung die verfahrenstechnischen Besonderheiten zu berücksichtigen und vor allem auch umzusetzen. Die klassische Lehre des werkstoff- bzw. fertigungsgerechten Konstruierens für den Kompaktspritzguss gilt nur bedingt, bzw. muss man diese nicht mehr in der Tiefe ihrer Konsequenz beachten. Was in diesem Falle durchaus sehr zum Vorteil geraten kann, insbesondere in Bezug auf Wanddickensprünge, Einfallstellen und geometrische Maßhaltigkeit. Kurzum, es muss – besser „darf" – anders konstruiert werden. Gleiches wirkt sich auch auf die Werkzeugkonstruktion und damit auf den Werkzeugaufbau aus. Auch hier gibt es Besonderheiten zu beachten, damit der Prozess schlussendlich erfolgreich umgesetzt werden kann.

Produkt, Werkzeug und Spritzgießmaschine: Ein untrennbarer Dreiklang, der harmonisch aufeinander abgestimmt sein muss, um eine Prozessfähigkeit im Bedarfsfall auch rund um die Uhr zu gewährleisten. Alle diese Themenbereiche werden in dem Buch angesprochen, erläutert und sinnvoll reflektiert. Durch die fachliche Kompetenz, die sich das gesamte Autorenteam über viele Jahre aufgebaut und erarbeitet hat, wird sehr schnell beim Studieren des Buches deutlich, dass die praktische Umsetzung des Beschriebenen einen sehr hohen Stellenwert hat. Basiswissen und Lösungsansätze werden ganzheitlich betrachtet. Vor- und Nachteile werden dargestellt und diskutiert.

Man darf sich an dieser Stelle lediglich fragen, warum es so lange gedauert hat, bis solch ein Standardwerk der Branche an die Hand gegeben wird. Der Bedarf „Wissensdurst" ist da, endlich wird er gestillt.

Schmalkalden, im Herbst 2022 *Thomas Seul*

Inhalt

Vorwort V

Geleitwort VII

Einleitung XV

1   Bedeutung des Schaumspritzgießens für den industriellen Leichtbau 1

2   Das Schaumspritzgießen und seine unterschiedlichen Verfahrensvarianten 9

2.1   Chemische versus physikalische Treibmittel 10
      2.1.1   Chemische Treibmittel 10
      2.1.2   Physikalische Treibmittel 14

2.2   Verfahren 16
      2.2.1   Niederdruck-Spritzgießprozess 16
      2.2.2   Hochdruckverfahren 16
      2.2.3   2-Komponenten-Schaumspritzgießen (Sandwichspritzgießen) .. 18
      2.2.4   Schäumen mit physikalischen Treibmitteln 20
            2.2.4.1   Einbringung des Treibfluids im Bereich der Schnecke .. 20
            2.2.4.2   Einbringung des Treibfluids über ein Zusatzaggregat .. 21
            2.2.4.3   Einbringung des Treibfluids über eine Injektionsdüse .. 22
            2.2.4.4   Einbringung des Treibfluids über die Schnecke 23
            2.2.4.5   Einbringen des Treibfluids im Angusssystem des Spritzgießwerkzeugs 24
            2.2.4.6   Einbringung des Treibfluids im Bereich des Trichters .. 25

	2.2.4.7	Vorbeladungsverfahren	26
		2.2.4.7.1 Vorbeladung des Granulats im Autoklaven	26
		2.2.4.7.2 Aufschäumen durch Beladen von Formteilen im Autoklaven	27
		2.2.4.7.3 Einbringen des Treibfluids Wasser über eine Trägersubstanz	28
		2.2.4.7.4 Einbringen von Treibfluiden im festen Aggregatzustand	29

3 Definition und Merkmale des physikalischen Schaumspritzgießens ... 33

3.1	Eigenschaften von TSG-Strukturschäumen	34
	3.1.1 Gewichtsreduktion	35
	3.1.2 Einfallstellen	35
	3.1.3 Formteilverzug	36
	3.1.4 Schwindungsverhalten	37
	3.1.5 Mechanische Eigenschaften	37
	3.1.6 Isolationsverhalten gegen Temperaturgradienten	38
	3.1.7 Isolationsverhalten gegen Schall	39
	3.1.8 Ausgasung	40
	3.1.9 Oberflächen	40
3.2	Herstellungsprozess von Strukturschäumen	41
	3.2.1 Stofftransport und Mischen des Treibfluids im Matrixpolymer	42
	3.2.2 Beladung und Aufbereitung des Einphasengemisches in der Plastifizierung	44
	3.2.3 Aufschäumen und Fixierung des Bauteils in der Werkzeugkavität	45
3.3	Korrelation der Morphologie der Bauteilstruktur mit den Prozessparametern	46
3.4	Einfluss der Prozessparameter auf die Bauteileigenschaften	47
	3.4.1 Einfluss der Schmelzetemperatur	47
	3.4.2 Einfluss der Einspritzgeschwindigkeit	49
	3.4.3 Einfluss der Werkzeugtemperatur	50
	3.4.4 Einfluss der Unterdosierung bei Teilfüllung der Kavität	50

3.5	Maßnahmen zur Verbesserung der Oberflächengüte	51
	3.5.1 Technologien zur Werkzeugtemperierung	51
	3.5.2 Werkzeugkonzepte	55
	3.5.3 Oberflächenbeschichtungen der Kavitäten	56
	3.5.4 Sandwich Schaumspritzgießen	57
4	**Konstruktionsrichtlinien für geschäumte Bauteile**	**59**
4.1	Gewichtsreduktion durch Schäumen	59
4.2	Grundlegende Designoptimierung	62
4.3	Wanddicke	63
4.4	Ausblick zur Bauteilgestaltung	65
4.5	Hinweise zur Werkzeugkonstruktion	70
	4.5.1 Empfehlungen zur Entlüftung	70
	4.5.2 Auslegung von Angussstange und Verteiler	71
	4.5.3 Heißkanalsysteme	74
	4.5.4 Werkzeugtemperierung	75
4.6	Füllbildanalyse	75
4.7	Konstruktionsrichtlinien für Schaumspritzgießen	76
	4.7.1 Drei-Phasen-Modell bei der praktischen Umsetzung des Konstruierens für TSG-Bauteile	81
	4.7.2 „Design für Funktion" – ein Plädoyer	86
5	**Prozess-Simulation**	**87**
5.1	Softwaresysteme	87
5.2	Simulation Viskositätsreduktion/Zellnukleierung und Zellwachstum	88
	5.2.1 Viskositätsreduktion	89
	5.2.2 Zellnukleierung und Zellwachstum	90
5.3	Vernetzung/Modellaufbau	97
5.4	Prozessparameter für die Simulation definieren	101
5.5	Ergebnisse und Interpretation	103
6	**Polymere für das Schaumspritzgießen**	**115**
6.1	Einleitung	115
6.2	Prüfkörper	116
6.3	Einfluss der Integralschaumstruktur auf die Kennwerte	117

6.4	Gezielte Veränderung der Eigenschaften der Schaumpolymere	121
6.5	Polymere	122
6.6	Polypropylen (PP)	124
6.7	Polyamide (PA)	125
6.8	Polyoxymethylen (POM)	125
6.9	Polycarbonat (PC)	126
6.10	Nukleierungsmittel	126
	6.10.1 Organische Füllstoffe	127
	6.10.2 Anorganische Füllstoffe	127
	6.10.3 Fasern	127

7 Maschinenbauliche Grundlagen der Schaumspritzgießmaschine ... 129

7.1	Einleitung	129
7.2	Schließeinheit	130
7.3	Einspritzeinheit und Plastifizierung	133
7.4	Sonderausstattung	141
7.5	Gasdosierstation	144
7.6	Die ideale Schaumspritzgießmaschine	145

8 Werkzeugtechnik für das Schaumspritzgießen ... 149

8.1	Werkzeugtechnische Grundlagen		149
	8.1.1	Anspritzen	149
		8.1.1.1 Prozessbetrachtung am Anspritzbereich	150
		8.1.1.2 Prozessbetrachtung nach dem Anspritzbereich	151
	8.1.2	Füllvorgang	152
	8.1.3	Entlüften	152
	8.1.4	Temperieren	153
	8.1.5	Auswerfen	154
	8.1.6	Überwachung	154
	8.1.7	Werkzeugoberfläche und Beschichtung	155
	8.1.8	Werkzeug und Schmelzeeinfluss	156
8.2	TSG-Prozesse – Anwendung und Werkzeugtechnik		156
	8.2.1	Niederdruck-TSG	156

	8.2.2 Hochdruck-TSG mit Öffnungshub	156
	8.2.3 Anwendungsbeispiel 1: Softtouch-Oberflächen mit Hochdruck-TSG	159
	8.2.4 Anwendungsbeispiel 2: Hochdruck-TSG für flächige Sichtbauteile	162
	8.2.5 Anwendungsbeispiel 3: Niederdruck-TSG	163

9 Anwendungsbeispiele aus dem Bereich Automotive 165

9.1 Einleitung 165
9.2 Schlossgehäuse 168
9.3 Türbrüstung 170
9.4 Scheinwerfergehäuse 171
9.5 Heckspoiler Unterschale 173
9.6 Außenspiegelhalter 174
9.7 Griffblende IML 175
9.8 Instrumententafelträger 177
9.9 Türverkleidung und Kartentasche 181
9.10 Griffhebel zur Lenksäulenverstellung 182
9.11 Anschlagdämpfer 186

10 Elektronikbauteile 189

11 Anwendungsbeispiele aus dem Bereich Haushalt 195

11.1 Wirtschaftliche Betrachtung geschäumter Thermoplastbauteile 195
11.2 Bodengruppe Weiße Ware 199
11.3 Grundplatte für Elektrowerkzeuge 201
11.4 Bewässerungsventil 202
11.5 Laufschuhsohle 203

12 Anwendungsbeispiele aus dem Bereich Verpackung 205

12.1 Margarinebecher 207
12.2 Joghurtbecher 200 ml und 900 g-Becher 209
12.3 Empfehlungen beim Einsatz von Schäumverfahren bei Dünnwand-Verpackungen 211
12.4 Paletten 213

13	Anwendungsbeispiele aus dem Bereich Medizintechnik	217
14	Ausblick	221

Die Autoren 223

Stichwortverzeichnis 225

Einleitung

Hartmut Traut und Hans Wobbe

Spätestens durch den Megatrend Leichtbau entwickelte sich das Schaumspritzgießen zum wichtigsten Sonderverfahren neben dem konventionellen Kompaktspritzguss. Die eigentliche Entwicklung von thermoplastischen Formteilen im Spritzgießverfahren begann bereits in den 1950er Jahren. Erfahrene Maschinenbediener reduzierten Einfallstellen an den Formteilen, indem sie dem Granulat geringe Mengen an Backpulver beimischten. Das war der Beginn des chemischen Schäumens, allerdings mit dem Fokus der Problemeliminierung von Einfallstellen – an die Herstellung ganzer geschäumter Formteile dachte man damals noch nicht.

Einen starken Schub bekam der thermoplastische Schaumspritzguss (TSG) dann in den 1990er Jahren durch die am MIT (Massachusetts Institute of Technology) in Boston durchgeführten Arbeiten der „mikrozellulären Kunststoffschäume mittels Direktbegasung". Bei der Direktbegasung handelt es sich im Vergleich zu den bis dahin eingesetzten chemischen Treibmitteln um inerte Gase, wie z. B. Stickstoff oder Kohlendioxid. Man spricht daher auch vom physikalischen Schäumen. Hierbei wird z. B. der Stickstoff unter Druck in den Bereich der Plastifizierung dosiert, in dem das Polymer bereits voll aufgeschmolzen vorliegt. Dabei spielt es eine besondere Rolle, dass das Gas im überkritischen Zustand in den geschmolzenen Kunststoff eingemischt wird. Somit kann ein Einphasengemisch erreicht werden, und das mit hervorragender Homogenität.

Das „Sonderverfahren TSG" hat sich dann nach einiger Zeit, die auch von Anlaufschwierigkeiten geprägt war, als weitgehend „normales" Verarbeitungsverfahren etabliert. Dazu kommen die Initiatoren vielfach direkt von den Verarbeitern, die neben der Materialersparnis auch die Vorteile in der Fertigteilproduktion kennen.

Schlossgehäuse im PKW-Bereich sind hierfür ein sehr gutes Beispiel. Die Anforderungen des Fertigteils sind dabei durch enge Toleranzen, eine Oberfläche ohne sichtbare Einfallstellen sowie Materialeinsparung geprägt. Ohne das TSG-Verfahren sind diese nicht erzielbar! Neben dem eingangs genannten Leichtbau spielt aber auch der Trend zu großflächigen, dünnwandigen Bauteilen dem Schaumspritzguss in die Karten. Heute sind vielfach erforderliche Teiledimensionen hinsichtlich Verzug ohne TSG nicht produzierbar.

Die allerseits bekannten Nachteile des Schaumspritzgusses, eine nicht schlierenfreie Oberfläche des Spritzlings, sind heute gelöst. Hochglänzende Oberflächen sind über schnelle Wechsel-Temperierung zu erzielen. Auch gibt es keramikbasierte Beschichtungen am Markt, die – in der Kavität aufgebracht – einen „variothermen Effekt" erzeugen. Mit Texturen und Narbungen versehene Bauteiloberflächen sind bereits ohne die genannten Zusatzprozesse zu fertigen.

Damit sind dem Verfahren TSG heute keine Grenzen mehr auferlegt – der Weg zum Standardverfahren neben dem Kompaktspritzguss ist frei. Dies haben auch die entsprechenden Gremien erkannt und sind momentan dabei, eine Normung für geschäumte Bauteile in Form einer VDI-Richtlinie zu erarbeiten, die in 2022/2023 erscheinen wird.

1 Bedeutung des Schaumspritzgießens für den industriellen Leichtbau

Wie bereits in der Einleitung erwähnt, fand der eigentliche Durchbruch des Schaumspritzgießens erst in den 1990er Jahren statt, forciert durch den von der Automobilindustrie geprägten Leichtbautrend. Damalige Entwicklungen, wie das bereits zitierte Schlossgehäuse oder auch Scheinwerfergehäuse, sind heute Stand der Technik. Ja nicht nur das, heute sind sogar alle diese Bauteile im Automobilbau geschäumt. Der Schaumspritzguss hat das Kompaktspritzgießen bei vielen Bauteilen in der Automobilindustrie als Standardverfahren ersetzt! Anhand der Technologiekurve in Bild 1.1 ist die „Entwicklungsgeschichte" klar dargestellt.

Die Abszisse des Schaubildes veranschaulicht den Technologielebensstatus der Bauteile, angefangen vom Entwicklungsstatus bis hin zum Stand der Technik. Die Ordinate zeigt das jeweilige Fertigungsverfahren, teilweise genannt mit der zu verarbeitenden Materialkomponente (MuCell® mit TPU), teilweise als Kombinationstechnologie, wie z. B. MuCell® mit Folienhinterspritzen.

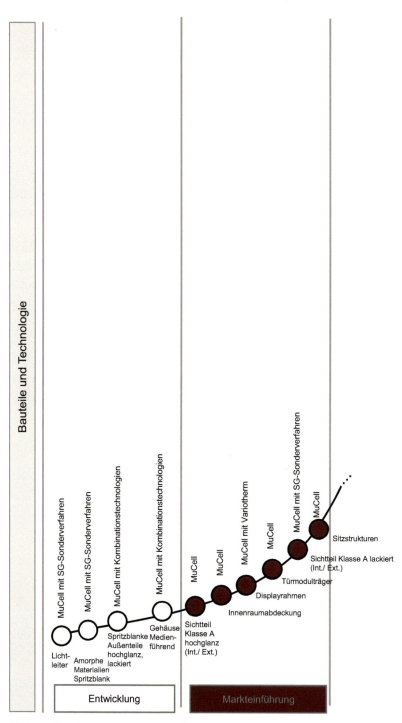

Bild 1.1 Entwicklungskurve MuCell® Automobil-Anwendungen [Bildquelle: Trexel GmbH]

1 Bedeutung des Schaumspritzgießens für den industriellen Leichtbau

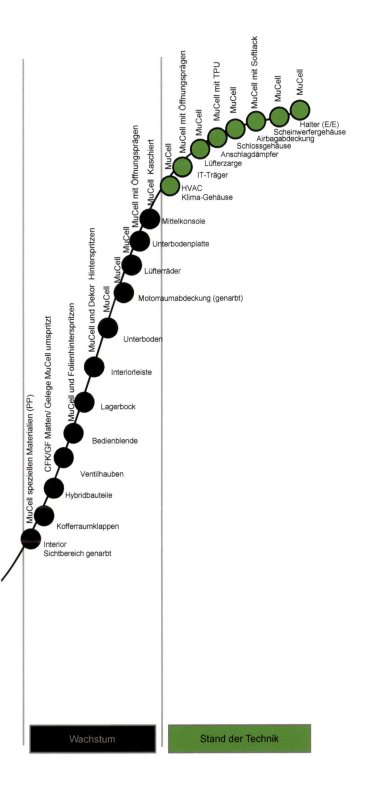

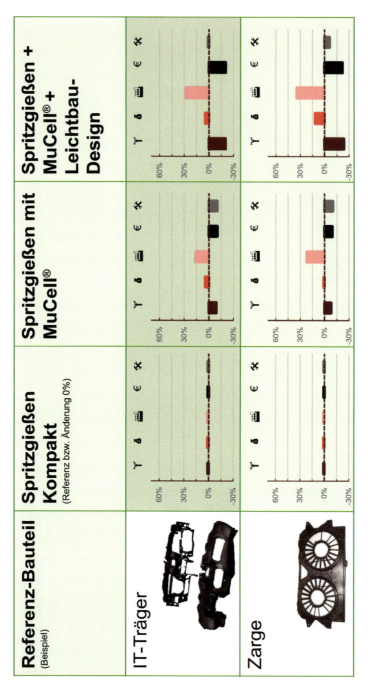

Bild 1.2 Vorteile als Stand der Technik bei TSG-Bauteilen [Bildquelle: Trexel GmbH]

1 Bedeutung des Schaumspritzgießens für den industriellen Leichtbau

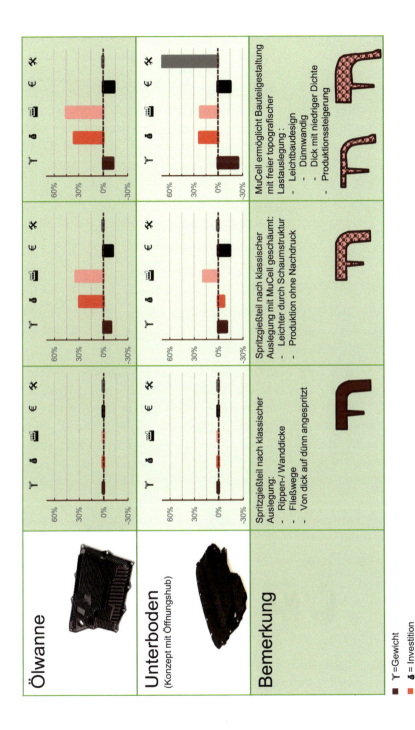

Die vordergründige Antwort auf den „Siegeszug" des Schaumspritzgießens liegt dabei natürlich auf der Hand: Durch das Aufschäumen des Kunststoffes sinkt das Materialgewicht bezogen auf die gleiche Teilegeometrie. Dabei spart der Hersteller am Materialeinsatz des Polymers beim Urformprozess. Eine nähere, intensivere Betrachtung der Prozessschritte, wie wir sie später im Kapitel 3 *„Definition und Merkmale des physikalischen Schaumspritzgießens"* detailliert erläutern, zeigt auch noch einen erheblichen Umfang an zusätzlichen Vorteilen. Dabei sind es häufig gerade diese Vorteile, die dem Anwender die Entscheidung regelrecht abnehmen, ob das Bauteil kompakt gespritzt, oder nicht doch besser als geschäumtes Bauteil ausgeführt wird!

Diese Vorteile des TSG-Prozesses sind neben der bereits genannten Gewichtseinsparung:

- eine Reduktion der Einfallstellen (in der Regel zu null)
- kaum wahrnehmbarer Verzug der Bauteile
- Produktionssteigerung durch Zykluszeitverkürzung
- Möglichkeit des dünnwandigen Leichtbaudesigns (siehe dazu detailliert Kapitel 4 *„Konstruktionsrichtlinien für geschäumte Bauteile"*)

Bild 1.2 gibt hierüber einen beispielhaften Überblick, basierend auf vier Referenzteilen aus dem Automobilbau. Zur Erklärung von Bild 1.2 wollen wir die „Ölwanne" als drittes Bauteil – gesehen von oben – nehmen: Dabei gibt die zweite Spalte im Bild jeweils die Referenzdaten an, also das Teilegewicht, die Anlageninvestition einschließlich Werkzeug, die Produktivität, die resultierenden Bauteilkosten sowie die für die entscheidenden Stellen notwendigen mechanischen Bauteileigenschaften. Dabei ist die Referenz natürlich das klassisch kompakt gefertigte Spritzgießbauteil.

In der dritten Spalte „Spritzgießen mit MuCell®" lassen sich nun die ersten Ergebnisse vergleichend diskutieren:

- Das Bauteilgewicht sinkt, entsprechend dem Schäumgrad.
- Die Anlageninvestition steigt im Bereich der Spritzgießmaschine. Zusätzlich wird eine Gasdosierstation benötigt.
- Die Produktivität steigt erheblich, hauptsächlich aufgrund schnellerer Fertigungszyklen.
- Die auf das Bauteil bezogenen Kosten sinken, da der reduzierte Materialeinsatz und die erhöhte Produktivität die höheren Anlageninvestitionen überkompensieren.
- Die notwendigen mechanischen Eigenschaften an den kritischen Stellen des Bauteils bleiben erhalten.

Noch interessanter für jeden Anwender wird es, sobald das Bauteildesign unter Beachtung der TSG-Konstruktionsrichtlinien (im Detail siehe im späteren Kapitel 4) als Leichtbaudesign ausgeführt wurde. Hierzu diskutieren wir nun die Darstellung in Spalte vier von Bild 1.2 „Spritzgießen + MuCell® + Leichtbaudesign":

- Das Bauteilgewicht der Ölwanne reduziert sich weiter auf einen Wert von ca. −10 %. Der Grund liegt im TSG-gerechten Leichtbaudesign.
- Die Anlageninvestition steigt leicht, auch im Vergleich zur dritten Spalte, da die Werkzeugkosten für ein solches Bauteil leicht höher liegen. Ansonsten gibt es keine Änderungen zum bereits vorher Gesagten.
- Die Produktivität steigt weiter! Wir erreichen wegen dünnerer Bauteile kürzere Kühlzeiten sowie noch schnellere Zyklen der Produktionsanlage.
- Die auf das Bauteil bezogenen Kosten sinken noch einmal, nun in Summe auf gut 10 %.
- An den mechanischen Eigenschaften der festigkeitskritischen Bereiche ändert sich nichts. Die Werte sind vergleichbar mit den Werten des Kompaktspritzgusses.

Soweit zu den Vorteilen von TSG-Bauteilen, die uns täglich in der Großserienproduktion der Industrie begegnen. Auf einen weiteren, immer wieder genannten makroökonomischen Vorteil, den CO_2-Fußabdruck in der Produktion, möchten wir an dieser Stelle nicht weiter eingehen – wir diskutieren diese Problematik ausführlicher an einem Beispiel aus dem Bereich Automotive in Abschnitt 9.1. Es ist aber jedem klar, dass TSG dabei im Vergleich zum traditionellen Kompaktspritzguss erhebliche Vorteile bietet: Der Materialeinsatz sinkt, die Produktionseffizienz steigt, das Leichtbauteil benötigt im „späteren Lebenszyklus" weniger Bewegungsenergie.

Kehren wir noch einmal zurück auf das Bild 1.1. Insbesondere der Bereich „Entwicklung" soll hier deutlich aufzeigen, dass TSG für sich eine Technologie ist, die heute als Standardverfahren bezeichnet werden kann. Daneben ist jedoch jedem Fachmann bewusst, dass TSG in Zusammenhang oder in Kombination mit einem anderen Prozess ein enorm großes, noch nicht ausgeschöpftes Potenzial an neuen Verfahren bietet.

Last but not least möchten wir darauf hinweisen, dass wir in diesem Buch in den meisten Kapiteln in herausgehobener Schrift Tipps und Anregungen unter dem Motto „Weniger ist mehr" aufführen. Die Kennzeichnung beginnt jeweils mit dem Symbol einer Waage und zeigt Vorteile und interessante Aspekte des Schaumspritzgießens auf.

Wir hoffen, dass dadurch möglichst viele Leser motiviert werden, sich mit diesem innovativen Verfahren auseinanderzusetzen, sodass in Zukunft in diesem Bereich weiterentwickelt und geforscht wird – denn diese Technologie birgt, wie bereits oben erwähnt, noch so einige unentdeckte Potenziale.

2 Das Schaumspritzgießen und seine unterschiedlichen Verfahrensvarianten

In Kapitel 2 werden nicht nur die unterschiedlichen Verfahren des TSG beschrieben, sondern im übertragenen Sinne auch die Geschichte der Technologie des Schaumspritzgießens.

Wie bekannt, fing alles mit dem chemischen Schäumen an. Als erstes industriell interessantes physikalisches Schäumverfahren kam dann aber Ende der 1990er Jahre das MuCell®-Verfahren ins Spiel. Kontraproduktiv wirkte zur Verbreitung dieses Verfahrens damals jedoch die Lizenzpolitik der Firma Trexel, Patentinhaber von MuCell®. Aus diesem Grunde entwickelte sich speziell in Deutschland eine Vielzahl von Verfahrensvarianten (siehe Abschnitt 2.2.4), hauptsächlich zur Patentumgehung von MuCell®. Nach vielen Jahren änderte die Firma Trexel ihre Strategie und verzichtete auf Lizenzgebühren für den Anwender. Damit war der Weg nun frei, dass sich MuCell® in der weltweiten Spritzgießindustrie als *„das Schäumverfahren"* durchsetzte. Kommen wir jedoch zurück auf eine Systematik des TSG.

Das Schäumen von Thermoplasten lässt sich in zwei grundlegende Verfahrensarten unterteilen. Diese ist zum einen das Schäumen mit chemischen Treibmitteln, und zum anderen das Schäumen mit physikalischen Treibmitteln. Hierbei unterscheiden sich die beiden Verfahren weniger bezüglich des eigentlichen Schäumprozesses als vielmehr nach der Art der Treibmittel und ihrer Dosierung [1]. Eine Übersicht der (zum Teil ehemals) kommerziell erhältlichen Verfahren ist in Bild 2.1 dargestellt.

Dabei ist zu beachten, dass – wie bereits eingangs gesagt – viele Verfahrensvarianten lediglich entwickelt wurden, um das MuCell® Verfahren zu umgehen. Aus diesem Grund gibt es nach der Strategieänderung von Trexel eine Vielzahl der Varianten heute nicht mehr am Markt.

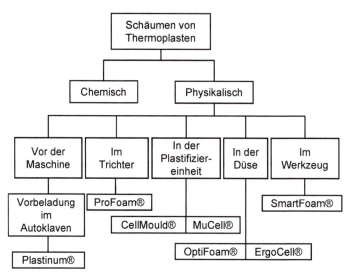

Bild 2.1 Übersicht der (zum Teil ehemals) kommerziell erhältlichen Verfahren zum Schäumen von Thermoplasten im Spritzgießen

Beide Verfahrensarten weisen maschinentechnische Besonderheiten und spezifische Merkmale auf. Diese werden in den nachfolgenden Kapiteln eingehend beschrieben.

■ 2.1 Chemische versus physikalische Treibmittel

2.1.1 Chemische Treibmittel

Das Schäumen mit chemischen Treibmitteln basiert auf einer thermisch initiierten Zersetzungsreaktion des Treibmittels. Die thermische Zersetzungsreaktion kann durch eine Kombination aus sauren und basischen chemischen Treibmitteln von einer chemischen Reaktion überlagert werden [2].

Das Treibmittel wird dem Polymergranulat vor der Verarbeitung meist in fester Form, sprich als Pulver, Granulat oder Masterbatch, zugesetzt. Dies geschieht entweder schon außerhalb der Spritzgießmaschine in einem langsam fahrenden Mischer oder direkt in den Trichter der Maschine mittels einer externen Dosiereinrichtung. Auch Systeme, in denen chemische Treibmittel als flüssige Suspensionen (Pasten) dosiert werden, gehören zum Stand der Technik. Die Treibmittelsuspension wird dabei über eine Schlauchpumpe direkt unterhalb des Granulattrichters der Plastifiziereinheit zugeführt (siehe Bild 2.2).

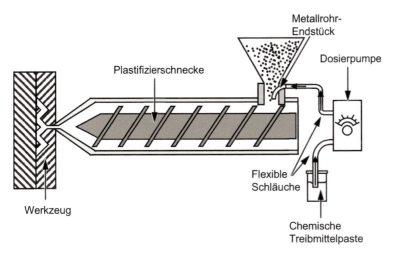

Bild 2.2 Dosiereinrichtung zur Dosierung flüssiger chemischer Treibmittel [3]

Nach Shutov [3] können durch die Verwendung von Masterbatches oder Pasten höhere Aufschäumgrade bzw. niedrigere Dichten erreicht werden als mit reinen Pulvern. Dies kann auf den geringeren Treibgasverlust während der Aufschmelz- und Homogenisierungsphase zurückgeführt werden, da Pasten und Konzentrate in Form von Masterbatches eine bessere Dispergierung des Treibmittels im Polymer erlauben und es somit gleichmäßiger im Polymer gelöst werden kann [3].

An chemische Treibmittel werden jedoch auch einige Anforderungen gestellt. Nachfolgend sind die wesentlichen Anforderungen aufgeführt:

- möglichst hohe Gasausbeute
- möglichst kleine Temperaturspanne zur Gasfreisetzung
- keine Schädigung des Polymers
- toxikologische Unbedenklichkeit
- keine negative Beeinflussung der mechanischen und optischen Eigenschaften des Produkts
- kostengünstig
- Zulassung einer kontrollierten Zersetzungsreaktion
- gute Lagerfähigkeit und ein gutes Handling
- keine Geruchsbelästigung der Reststoffe

Bis heute existiert jedoch kein chemisches Treibmittel, welches alle Anforderungen gleichzeitig erfüllt [4].

Zu den chemischen Treibmitteln gehören Azoverbindungen, Hydrazide, Nitrosoverbindungen, Natriumcarbonat und Stoffmischungen aus organischen Säuren und Bicarbonat. Eine Übersicht einiger chemischer Treibmittel mit ihren Zersetzungsbereichen und Gasausbeuten ist in Tabelle 2.1 aufgelistet:

Tabelle 2.1 Chemische Treibmittel [2]

Chemische Bezeichnung	Zersetzungsbereich [°C]	Gasausbeute [ml/g]	Hauptanteile der Gase
Natriumhydrogencarbonat	130 – 170	160 – 170	CO_2, H_2O,
Zitronensäure und deren Derivate	190 – 230	90 – 130	CO_2, H_2O
Azodicarbonamid (ADC)	200 – 220	280 – 320	CO_2, CO, N_2, (NH_3)
Modifiziertes Azodicarbonamid	150 – 190	220 – 300	CO_2, CO, N_2, (NH_3)
Toluolsulfonylhydrazid (TSH)	110 – 140	120 – 140	H_2O, N_2
Oxybis(benzolsulfohydrazid) (OBSH)	155 – 160	120 – 150	H_2O, N_2
5-Phenyl-Tetrazol (5-PT)	110 – 140	120 – 140	H_2O, N_2

Unter Wärmeeinwirkung zerfallen diese Substanzen und spalten gasförmige sowie feste Produkte ab. Um die chemische Reaktion zu initiieren, muss zunächst eine gewisse Aktivierungsenergie überschritten werden. Dies wird durch die dem Polymer im Prozess zugeführte Wärme erreicht. Hierbei muss beachtet werden, dass nur bis zu 50 % des eingesetzten Treibmittels als Gasausbeute zum Aufschäumen beitragen. Die entweichenden Fluide sind meist CO_2, N_2 oder H_2O. Des Weiteren ist zu beachten, dass nicht die gesamte umgesetzte Gasmenge im Polymer gelöst wird. Ein Teil des Treibgases entweicht über die Werkzeugtrennfläche und die Entlüftungsbohrungen [2][3]. Ein anderer Teil der Zersetzungsprodukte verbleibt als fester Rückstand im Polymer. Dieser kann sich positiv auf die Zellnukleierung auswirken und somit zu einer höheren Zelldichte, aber auch zu negativen Effekten, wie dem Verfärben des späteren Bauteils, einer Korrosion des Werkzeugs oder auch Abbaureaktionen im Basispolymer, führen [1].

Eine optimale Gasausbeute kann vor allem durch eine gezielte Anpassung des Temperaturverlaufs erzielt werden. Aber auch die Verweilzeit, der Druck und die Schmelzefestigkeit des Polymers nehmen Einfluss auf die Gasausbeute [2].

Es werden exotherme und endotherme chemische Treibmittel unterschieden. Exotherme Treibmittel setzen bei ihrer Zersetzungsreaktion Energie in Form von Wärme frei, sodass das System unter Umständen zusätzlich gekühlt werden muss. Nach dem Start der Zersetzungsreaktion ist diese bei exothermen Treibmitteln nicht mehr durch den Verarbeitungsprozess kontrollierbar. Der Vorteil liegt hierbei im vollständigen Abbau des Treibmittels und somit einer guten Gasausbeute. Die gängigsten exothermen Treibmittel sind: Azodicarbonamide (ADC), Toluolsulfohydrazid (TSH), Tetrazole und Oxybis(benzolsulfohydrazid) (OBSH) [4].

Die Zersetzungsreaktion *endothermer Treibmittel* benötigt zum Ablauf kontinuierlich Energie. Diese Energie wird ebenfalls in Form von Wärme aus der Schmelze entnommen. Durch eine genaue Temperaturführung im Prozess kann somit gezielt Einfluss auf die Zersetzungsreaktion genommen werden. Das Treibmittel bzw. das Polymer-Treibmittel-Gemisch muss für eine optimale Gasausbeute für eine kurze Zeit deutlich über die Zersetzungstemperatur oder über einen längeren Zeitraum geringfügig über die Zersetzungstemperatur des Treibmittels erwärmt werden. Die gängigsten endothermen Treibmittel sind Natriumcarbonate (Backpulver), Derivate der Zitronensäure oder eine Mischung beider Substanzen [5].

Nachteilig sind bei endothermen Treibmitteln die sauren (Zitrate) und basischen (Bicarbonate) Abbauprodukte. Diese führen zu einer verstärkten Korrosion der Spritzgießwerkzeuge und anderer Maschinenteile. Jedoch kann dieser Effekt bei einer Mischung von Natriumhydrogencarbonat und Zitronensäurederivaten durch eine gegenseitige Neutralisation der Zersetzungsprodukte vermieden werden [2].

Endotherme und exotherme Treibmittel weisen jeweils ihre eigenen Vorteile auf. Diese sind in der nachfolgenden Tabelle gegenübergestellt.

Tabelle 2.2 Vergleich der Vorteile endothermer und exothermer Treibmittel [5]

Endotherm	Exotherm
- kürzere Zykluszeiten - feinere Zellstrukturen - keine Verfärbungen des Polymers - Geruchlosigkeit - kontrollierte Temperaturentwicklung - Lebensmittelkonformität - schlierenarme Oberflächen	- höhere Gasausbeute - geringere Korrosion der Werkzeuge und Maschinenteile - breiteres Verarbeitungstemperaturfenster

Die Auswahl des chemischen Treibmittels richtet sich nach der Verarbeitungstemperatur des Polymers. Die Reaktion sollte erst nach Aufschmelzen des Polymers beginnen und noch vor dem Einspritzen beendet sein. Die Zersetzungstemperatur des Treibmittels sollte mindestens 10 °C unterhalb der Massetemperatur der Schmelze liegen. Eine zu hohe Verarbeitungstemperatur kann zu einem vorzeitigen Reaktionsbeginn im Einzugsbereich der Schnecke führen. Dies resultiert in Gasverlusten über den Trichter und schwankender Produktqualität. Eine zu niedrige Temperatur hingegen kann zu einer unvollständigen oder nicht ablaufenden Reaktion und zu unerwünschten Nebenprodukten führen. Für das Spritzgießen sind vor allem die Derivate der Zitronensäure und Bicarbonate von Bedeutung, da sie keine gesundheitsschädlichen Abbauprodukte bilden und die Reaktionen durch Temperaturführung gut zu steuern sind. Durch spezielle Additive, auch Aktivatoren oder Kicker genannt, können die Zerfallstemperaturen über einen weiteren Bereich eingestellt werden. Auch unerwünschte Nebenprodukte können durch Aktivatoren vermieden werden [2].

Eine weitere Einsatzmöglichkeit von chemischen Treibmitteln ist die Verwendung als aktives Nukleierungsmittel für physikalische Treibmittel. Im Vergleich zu passiven, nicht reaktiven Nukleierungsmitteln werden hier schon bei geringem Nukleierungsmittelanteil sehr feine Schaumstrukturen erreicht [6].

Grundsätzlich wird für das Schäumen mit chemischen Treibmitteln keine zusätzliche Anlagentechnik benötigt. Das Schaumspritzgießen ist somit auf unmodifizierten Spritzgießmaschinen möglich [7]. Daher werden chemische Treibmittel überwiegend dort eingesetzt, wo der anlagentechnische Aufwand möglichst gering bleiben soll. Um ein unerwünschtes frühzeitiges Aufschäumen des Materials im Schneckenvorraum zu vermeiden, empfiehlt es sich, die Maschine mit einer Nadelverschlussdüse und einer Lageregelung der Schnecke zu versehen [8]. Daher werden für chemische Treibmittel meist Sonderverfahren der Niederdruck- oder Hochdruck-Spritzgießprozesse, wie z. B. der UCC-Prozess (siehe Abschnitt 2.2.1), verwendet.

Den Markt der chemischen Treibmittel dominiert das Azodicarbonamid (ADC). Im Jahr 2005 betrug sein Anteil am Gesamtverbrauch chemischer Treibmittel 88 %. Der Anteil endothermer Treibmittel betrug etwa 5 %, und die restlichen 7 % teilten sich auf die anderen exothermen Treibmittel, wie z. B. Oxybis(benzolsulfohydrazid), auf [2].

2.1.2 Physikalische Treibmittel

Physikalische Treibmittel können in atmosphärische Gase und niedrigsiedende Flüssigkeiten unterteilt werden. Die Dosierung von physikalischen Treibmitteln ist viel aufwendiger als die chemischer Treibmittel, da sie während der Verarbeitung unter Druck gehalten werden müssen, um im flüssigen oder überkritischen Zustand vorzuliegen [9]. Unter hohem Druck werden die Treibfluide in das Polymer eingemischt und gelöst. Durch eine Druckentlastung verdampft das Treibmittel und bildet Schaumzellen. Der überkritische Zustand kombiniert hier den Vorteil einer Flüssigkeit mit einer einfachen Dosierung durch die Inkompressibilität des Fluids und eines Gases mit einer niedrigen Viskosität und eines guten Diffusionsverhaltens [2].

Auch an physikalische Treibmittel werden einige Anforderungen gestellt, welche denen der chemischen Treibmittel sehr ähnlich sind. Physikalische Treibmittel sollten:

- im Polymer gut löslich sein
- unter den gegebenen Verarbeitungsparametern verdampfen bzw. aus der Lösung gehen
- in allen Aggregatzuständen inert sein
- nicht toxisch, explosiv oder entflammbar sein

- keine negativen Eigenschaften auf die Produkteigenschaften haben (chemisch, mechanisch, optisch, Geruch)
- kostengünstig sein [4]

Die heute am weitesten verbreiteten physikalischen Treibmittel sind die atmosphärischen Gase bzw. Inertgase Stickstoff (N_2) und Kohlenstoffdioxid (CO_2). Stickstoff weist eine geringere Löslichkeit in Polymeren auf als Kohlenstoffdioxid. Daher werden hier höhere Dosierdrücke benötigt, um das Fluid in der Schmelze zu lösen. In Gasflaschen liegt Stickstoff bei 200–300 bar vor. Der Vorteil hierbei ist, dass das Treibfluid, abhängig vom Prozess, ohne kostenintensive Gasdosierstation mit Kompressor eingebracht werden kann. Für den MuCell®-Prozess wird das Treibfluid beispielsweise unter einem Druck von 100 bis 250 bar eindosiert. Eine geringe Diffusionsgeschwindigkeit führt beim Einsatz von Stickstoff zu relativ feinzelligen Schaumstrukturen [6].

Kohlenstoffdioxid (CO_2) weist eine höhere Löslichkeit in Polymeren auf. Abhängig vom Polymer kann diese das 25–100-fache der Löslichkeit von Stickstoff betragen [4]. Auch die Diffusionsgeschwindigkeit ist im Vergleich zu Stickstoff höher. Eine gröbere Schaumstruktur und ein höherer Aufschäumgrad werden erzielt [10]. Das Kohlenstoffdioxid liegt in den Gasflaschen bei einer Temperatur von 20 °C und einem Druck von 57 bar in flüssiger Form vor. Der Flaschendruck bleibt konstant, solange der Füllstand nicht unter einen gewissen Punkt sinkt. Der Grund hierfür liegt im Verdampfen eines Teils der flüssigen Phase in der Flasche, sobald Gas aus der Flasche entnommen wird. Wird das Gas nur bei Drücken unterhalb des Flaschendrucks benötigt, so bietet der konstante Druck den Vorteil einer sehr einfachen Dosierung [6]. Untersuchungen zeigen, dass eine Mischung aus beiden Gasen zu Schäumen mit hohen Aufschäumgraden bei gleichzeitig hohen Zelldichten führen [10].

Ein weiteres zum Aufschäumen von Polymeren verwendbares physikalisches Treibmittel ist Wasser. Da Wasser in Polymeren unlöslich ist, muss es mithilfe einer Trägersubstanz in diese eingebracht und verteilt werden (siehe Abschnitt 2.2.4.7.3).

Neben Treibmitteln im flüssigen und überkritischen Aggregatzustand gibt es ebenfalls physikalische Treibmittel, die in fester Form zugegeben werden können. Dabei kann es sich z. B. um Wasser in Form von Eis oder um Kohlenstoffdioxid in Form von Trockeneis handeln. Eine weitere Form von physikalischen Treibmitteln in fester Form sind die sogenannten expandierbaren Mikrosphären (siehe Abschnitt 2.2.4.7.4). Diese sind mit physikalischen Treibmitteln gefüllte Thermoplastkugeln [11]. Bei Erwärmung erweicht die thermoplastische Hülle, und das Treibfluid im Inneren verdampft. Bei den Treibfluiden handelt es sich um Alkane, wie z. B. Isobutan, Isopentan oder Isooctan [12].

2.2 Verfahren

2.2.1 Niederdruck-Spritzgießprozess

Der Vollständigkeit halber wollen wir das Niederdruck-Spritzgießverfahren nennen, das technologisch einfachste Verfahren zur Herstellung thermoplastischer Schäume. Charakterisiert wird dieses Verfahren durch zwei grundlegende Eigenschaften:

- niedrige Werkzeuginnendrücke von 0,5 bis 10 MPa
- geringe Einspritzvolumina von 65 – 80 % des Kavitätsvolumens

Nachteilig bei dieser Prozessart sind die sehr rauen Oberflächen aufgrund der geringen Kontaktfläche zum Werkzeug, die durch den geringen Innendruck zustande kommen, sowie Oberflächendefekte in Form von eingefrorenen Treibfluidblasen [3].

Einer dieser im amerikanischen Raum am weitesten verbreiteten Prozesse ist der sogenannte *UCC-Prozess* der Union Carbide Corporation, Danbury (USA). Hiermit sind Bauteile mit Dichten von etwa 250 – 900 kg/m^3 herstellbar. Die Oberflächenrauheiten können in weiten Bereichen eingestellt werden und die integrale Struktur ist sehr klar definiert mit einer kontinuierlich zunehmenden Dichte vom Kern bis zur Hautoberfläche. Als Treibmittel wird Stickstoff (N_2) verwendet. Für das Verfahren werden meist Polyolefine (z. B. PE oder PP) oder Polystyrol (PS) verwendet.

Das Verfahren kam in der Vergangenheit zur Herstellung von Swimmingpools oder auch Paletten zum Einsatz. Auch heute noch wird dieses Verfahren in Nordamerika angewandt, spielt aber industriell keine Rolle mehr.

2.2.2 Hochdruckverfahren

Hochdruckverfahren zeichnen sich durch folgende Eigenschaften aus:
- schnelles und vollständiges Befüllen der Kavität
- zeitliche Abgrenzung der Prozesse Hautbildung und Schaumbildung
- Aufschäumen durch Expandieren des Werkzeugs
- Werkzeuginnendrücke von bis zu 150 MPa

Mit Hochdruckprozessen (HD) hergestellte Bauteile haben eine feste Haut, sind anders als bei den Niederdruckprozessen (ND) frei von Gasblasenschlieren und weisen hohlraumfreie Kerne auf. Die Bauteile sind weitestgehend nachbearbeitungsfrei und die Zykluszeiten sind kürzer als bei ND-Prozessen [3].

Nachteilig sind dabei kompliziertere Werkzeuge, die ausziehbar gestaltet werden müssen (atmende/expandierbare Werkzeuge), und höhere benötigte Schließkräfte.

Ein Verfahrensvergleich zwischen den Niederdruck- und Hochdruckprozessen mit expandierbaren Werkzeugen ist in Bild 2.3 dargestellt:

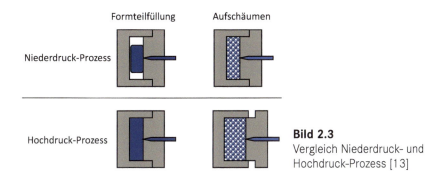

Bild 2.3
Vergleich Niederdruck- und Hochdruck-Prozess [13]

Die Werkzeuge sollten beim HD-Verfahren gasdicht sein, da der Sättigungsdruck des Treibgases im Polymer im Größenbereich von etwa 30 MPa liegt, und der Gegendruck im Werkzeug mindestens genauso hoch sein muss, um ein Aufschäumen der erwünschten kompakten Außenhaut zu verhindern. Bauteile, die mit HD-Verfahren gefertigt werden sollen, werden daher meist klein gehalten und weisen eher einfache Geometrien auf.

Im Niederdruckverfahren hat das Treibmittel drei Funktionen:

1. Verteilung des Materials in der Kavität
2. Ausbildung der Haut durch den Innendruck
3. Ausbildung der Zellstruktur

Im Hochdruckverfahren werden die Aufgaben Verteilung und Ausbildung der Haut durch den Einspritzdruck beeinflusst. Daher können die Zellstrukturen im HD-Verfahren sehr genau durch das Treibmittel gesteuert werden. Werden im HD-Verfahren chemische Treibmittel verwendet, so ergeben sich viele Vorteile. Wie bereits erläutert hängt der Zerfall der chemischen Treibmittel von der Temperatur ab. Der Wärmeimpuls, welcher zur Zerfallsinitiierung benötigt wird, wird durch die Düse eingebracht. Während der Schaum vom Treibmittel noch ausgebildet wird, erstarrt die Schmelzefront durch den Kontakt mit der kalten Werkzeugwand. Durch die genaue Dosierung des Treibmittels können sehr geringe Dichten erzeugt werden. Außerdem können in Bauteilen sowohl kompakte als auch geschäumte Bereiche gleichzeitig erzeugt werden. Dies hängt lediglich davon ab, an welchen Stellen das atmende Werkzeug dem Polymer-Gas-Gemisch erlaubt zu expandieren. Es sind bis zu 50 % Gewichtsreduktion möglich und sehr geringe Wanddicken von bis zu 0,8 mm fertigbar.

Die Zykluszeiten verringern sich im HD-Verfahren dadurch, dass der Einspritzdruck das Polymer an die Werkzeugwand drückt und nicht auf die Expansion des Treibgases gewartet werden muss. Durch den erhöhten Druck verbessert sich der Wärmeübergang zwischen Polymer und Werkzeugwand, und die Oberflächenrauheit nimmt ab, wodurch Bauteile mit sehr glatten, glänzenden und einfallstellenfreien Oberflächen gefertigt werden können. Auf eine Nachbearbeitung kann daher in den meisten Fällen verzichtet werden, jedoch können die atmenden Werkzeuge auch Spuren auf den Baueiloberflächen hinterlassen [3].

Die gravierendsten Nachteile sind die vergleichsweise hohen Werkzeugkosten, bedingt durch den zwingenden Gebrauch von sehr festen Werkzeugstählen, und die stark limitierte Werkzeuggeometrie mit ihren Dichtkanten. Hochdruckprozesse rentieren sich daher eher für einfache Geometrien, wie z. B. flache Paneele, bei großen Stückzahlen.

2.2.3 2-Komponenten-Schaumspritzgießen (Sandwichspritzgießen)

Eine Sonderform des normalen Schaumspritzgießens ist das 2-Komponenten-Schaumspritzgießen. Es zeichnet sich dadurch aus, dass Haut und Kern aus unterschiedlichen Materialien bestehen. Dabei ist im Hautmaterial im Normalfall kein Treibmittel vorhanden, und es wird nur der Kern geschäumt. Somit können glatte und kompakte Oberflächen mit einem durch den geschäumten Kern bedingten geringen Gewicht kombiniert werden. Die verwendeten Materialien können Copolymere mit gleichem Basispolymer sein, grundverschiedene Polymere oder Kombinationen aus gefüllten und ungefüllten Polymeren. So können die mechanischen Eigenschaften von Bauteilen mit einem gefüllten Kern und einer ungefüllten Haut stark verbessert werden. Dies gilt ebenfalls für eine Verbindung einer sehr harten bzw. steifen Haut und eines festen Kerns mit hohem E-Modul. Das 2K-Schaumspritzgießen bietet aber neben der Verbesserung von mechanischen Eigenschaften auch ein großes Einsparpotential. Werden an ein Bauteil keine großen mechanischen Anforderungen gestellt, so kann der Kern aus einem günstigen Material oder Rezyklat gefertigt werden.

An die verwendeten Materialien werden jedoch einige Anforderungen gestellt. Diese müssen miteinander verträglich sein und eine chemische, rheologische (Schermodul, Fließverhalten) sowie physikalische (thermischer Ausdehnungskoeffizient, Schrumpfungsverhalten) Affinität aufweisen. Andernfalls droht eine Trennung der beiden Bestandteile während der Fertigung oder ein Aufbruch der Verbindung im späteren Gebrauch. Das Schwindungsverhalten beeinflusst hierbei stark die im Bauteil eingefrorenen Spannungen. Schwindet der Kern stärker als die Haut, so kann er sich von der Haut ablösen. Im umgekehrten Fall schrumpft die

Haut auf den Kern auf und bringt somit hohe Eigenspannungen in das Bauteil ein und führt zu einem möglichen Verzug. Bei Unverträglichkeit der beiden Bindungspartner ist der Einsatz eines dritten mit beiden Werkstoffen verträglichen Partners als Adhäsiv möglich. Dies ist jedoch mit einem hohen maschinellen Aufwand mit einem dritten Einspritzmodul verbunden.

2K-Schäume erreichen im Vergleich zu kompakten Bauteilen Dichtereduktionen von 5 – 30 % in Abhängigkeit von den verwendeten Polymeren und der Bauteilkonfiguration. Die Menge des Treibmittels beeinflusst die Dichte, die Kühlzeit und das Haut-Kern-Verhältnis. Eine Reduktion der Treibmittelmenge bedingt schnellere Zyklen und einen höheren Anteil des günstigen Kernmaterials, erhöht jedoch auch das Bauteilgewicht [3].

Heutzutage wird das 2K-Sandwichspritzgießen in einem einstufigen Verfahren mittels einer sogenannten Sandwichplatte hergestellt [14]. Wie Bild 2.4 anschaulich zeigt, werden sowohl die Hautkomponente (gelb) als auch die geschäumte Kernkomponente (orange) nacheinander in die Platte eingespritzt, um sich dann in der Kavität als Formteil auszubilden.

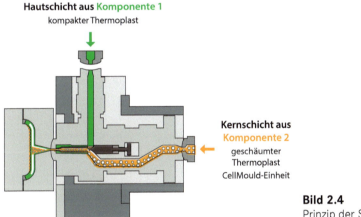

Bild 2.4
Prinzip der Sandwichplatte [14]

Das Verfahren kommt für großflächige, tragende Bauteile in Frage, genauso wie für großserientaugliche Leichtbauteile, wie z. B. Verkleidungsteile im Automobilbau oder auch Strukturteile im Maschinenbau, die hohe Steifigkeit bei geringem Gewicht erfordern.

2.2.4 Schäumen mit physikalischen Treibmitteln

Die verschiedenen Verfahren zum Schäumen mit physikalischen Treibmitteln unterscheiden sich grundsätzlich nach der Art und dem Ort der Einbringung des Treibfluids in die Schmelze.

Man kann die Art der Einbringung des Treibfluids in Vorbeladungs- und Direktbeladungsprozesse unterteilen. Unter Vorbeladung versteht man ein Einbringen des Treibfluids in das feste Granulat vor dem eigentlichen Spritzgießprozess. Die Direktbeladung erfolgt im Spritzgießaggregat durch Einbringung des Treibfluids in die Schmelze. Die gängigsten Verfahren sollen im Folgenden erläutert werden.

2.2.4.1 Einbringung des Treibfluids im Bereich der Schnecke

Das am weitesten verbreitete Prinzip zur Einbringung des physikalischen Treibfluids in die Schmelze ist die Injektion im Bereich der Schnecke während der Dosierphase. Nach diesem Prinzip arbeiten das MuCell®-Verfahren der Firma Trexel Inc., Woburn (USA) und das Cellmould®-Verfahren der Firma Wittmann Battenfeld GmbH, Kottingbrunn (Österreich).

Das MuCell®-Verfahren wurde am Massachusetts Institute of Technology (MIT), Cambridge, Massachusetts, USA, entwickelt und Ende der 1990er Jahre durch die Firma Trexel Inc. patentiert. Es ist heute das den Markt dominierende Verfahren zur Direktbegasung der Schmelze in der Thermoplastverarbeitung. Beim MuCell®-Verfahren wird ein überkritisches Treibfluid von einer Treibmitteldosierstation (SuperCritical Fluid-Dosierstation, kurz SCF) unter hohem Druck und einem konstanten Massenstrom zu Ventilen an den Injektoren geleitet. Die Schnecke ist mehrstufig aufgebaut. Die erste Stufe stellt eine klassische Drei-Zonen-Schnecke dar, in welcher das Kunststoffgranulat aufgeschmolzen wird. Durch eine Rückstromsperre ist dieser Teil von einem Mischteil getrennt, durch welchen das Treibfluid in der Schmelze verteilt wird. Die Rückstromsperre soll einen Rückfluss und somit ein Entweichen des Treibfluids aus der Schmelze vermeiden [4][15].

Dynamische Mischelemente stellen die Durchmischung und Homogenisierung der Treibfluid-Polymer-Mischung bis zur vollständigen Lösung sicher. Damit die wirksame Mischlänge der Schnecke bei zunehmendem Dosiervolumen nicht abnimmt, können mehrere Injektoren entlang des Plastifizierzylinders angebracht werden, über die das Treibfluid eingebracht wird (siehe Bild 2.5). Je nach Schneckenposition können die verschiedenen Injektoren geöffnet oder geschlossen werden. Die Regelung des Treibfluidzuführdrucks wird über die Injektoren gesteuert, die nur dann öffnen, wenn Treibmittel zugeführt werden soll [6].

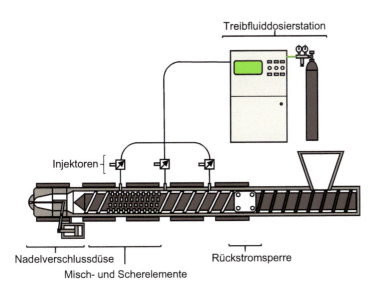

Bild 2.5 Anlagentechnik beim MuCell®-Verfahren [6]

Das Cellmould®-Verfahren ist dem MuCell®-Verfahren sehr ähnlich. Die beiden Verfahren unterscheiden sich in der Dosierung des Treibmittels, welche beim Cellmould®-Verfahren über ein Druckregelmodul realisiert wird. Dabei wird die Druckdifferenz zwischen dem Treibfluiddruck in den Injektoren und der Schmelze in der Plastifiziereinheit als Regelgröße zur Treibfluiddosierung verwendet [16].

2.2.4.2 Einbringung des Treibfluids über ein Zusatzaggregat

Die Firma Demag Ergotech GmbH, Schwaig (heute: Sumitomo Demag Plastics Machinery GmbH) hat ein System namens ErgoCell® entwickelt, welches die Schmelze über ein nachrüstbares Zusatzaggregat mit dem Treibfluid belädt. Die ErgoCell®-Module lassen sich prinzipiell an jeder Spritzgießmaschine nachrüsten. Das Zusatzaggregat besteht aus einer Kolbenspritzeinheit, Treibfluiddüsen und einem dynamischen Mischer. Das Treibfluid wird unmittelbar vor dem Einspritzzylinder in die Schmelze eingebracht. Es existieren zwei Varianten des ErgoCell®-Verfahrens [6]:

Bei der ersten Generation wurde die Schmelze über Injektionsdüsen innerhalb eines dynamischen Mischers mit dem Treibfluid beladen, und das Gemisch dann in eine vertikale Kolbenspritzeinheit geleitet. Die Kolbenspritzeinheit übernahm das Einspritzen des Gemischs in die Kavität. Ein Rückschlagventil verhinderte das Zurückfließen der Schmelze in die Einspritzeinheit der Spritzgießmaschine [17].

Die weiterentwickelte zweite Generation weist ein kompakteres Zusatzaggregat auf (siehe Bild 2.6). Der Antrieb wird dabei nicht extern, sondern von der Schnecke der Spritzgießmaschine übernommen. Die Schmelze wird an den Treibfluiddüsen und einem dynamischen Mischer vorbeigeführt. Das Aggregat wird über eine Keilverzahnung von der Schnecke angetrieben [18].

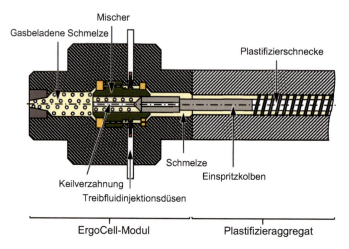

Bild 2.6 Aufbau des ErgoCell®-Moduls der 2. Generation [18]

Der Verfahrensablauf unterscheidet sich im Wesentlichen nicht von dem Zyklus eines Standard-Spritzgießprozesses. Der Unterschied liegt hier lediglich in der Gaszufuhr während der Dosierphase. Der Mischer wird während des Aufdosierens durch die Keilverzahnung von der Schnecke in Rotation versetzt. Zeitgleich wird das Treibfluid in die Treibfluiddüsen injiziert.

Der Mischer verteilt das Treibfluid gleichmäßig in der Schmelze. Das in den Schneckenvorraum geförderte Material bewirkt einen Druckanstieg, sodass die Schnecke zurückgeschoben wird. Der eingestellte Staudruck hält das Treibfluid in Lösung. Zum Ende der Dosierphase wird die Gaszufuhr gestoppt und das Schmelze-Treibfluid-Gemisch in das Werkzeug eingespritzt [18]. Dieses Verfahren wurde allerdings bereits vor längerer Zeit vom Markt genommen.

2.2.4.3 Einbringung des Treibfluids über eine Injektionsdüse

Unter dem Handelsnamen *OptiFoam*® vertrieb die Sulzer Chemtech AG, Winterthur (Schweiz) ein am Institut für Kunststoffverarbeitung (IKV), Aachen, entwickeltes Verfahren, welches das Treibfluid erst in der Einspritzphase in die Schmelze einbringt. Hierbei handelt es sich um eine Düse, welche zwischen der Nadelverschlussdüse und der Plastifiziereinheit der Spritzgießmaschine positioniert wird [19, 20].

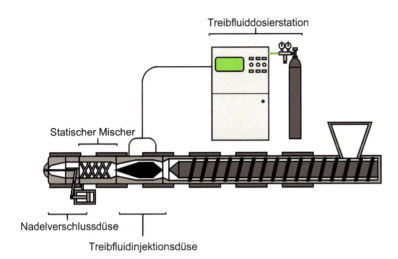

Bild 2.7 Anlagentechnik für das OptiFoam®-Verfahren [8]

Die Schmelze wird, von der Plastifiziereinheit kommend, durch einen Ringspalt geleitet, der sowohl an seiner Innen- als auch an seiner Außenwand aus porösem Sintermetall besteht. Über das Sintermetall wird der Schmelze das Treibfluid zugeführt, welches in die Schmelze eindiffundiert. Ein statischer Mischer homogenisiert das Gemisch anschließend.

Die Treibfluiddosierstation regelt den Treibfluiddruck, und somit die Menge des eingebrachten Treibfluids, über ein Druckprofil. Das Druckprofil folgt dem während der Einspritzphase in der Treibfluidinjektionsdüse vorliegenden Druck, zuzüglich einer konstanten Druckdifferenz.

Auch das OptiFoam®-Verfahren lässt sich auf allen Spritzgießmaschinen nachrüsten. Aufgrund einer zu starken Überschneidung des Prozesses mit dem Patent des MuCell®-Verfahrens der Firma Trexel musste die Sulzer Chemtech AG das Produkt für das Spritzgießen von Thermoplasten vom Markt nehmen [4].

2.2.4.4 Einbringung des Treibfluids über die Schnecke

Eine Möglichkeit zur Einbringung des Treibmittels über die Schnecke bietet ein weiteres am Institut für Kunststoffverarbeitung (IKV), Aachen, entwickeltes Verfahren, welches sich einer porösen Sintermetallhülse zur Injektion bedient. Durch dieses Verfahren ergibt sich der Vorteil einer gleichbleibenden Mischlänge stromabwärts des Orts der Treibfluidzuführung. Das Mischen wird bei diesem Verfahren von auf der Schnecke liegenden Misch- und Scherelementen übernommen (siehe Bild 2.8). Es kann durch die Positionierung der Injektionsstellen auf der Schnecke auf einen langen Injektionsbereich zum Ausgleich der Schneckenbewegung verzichtet werden. Aus diesem Grund werden nur eine kurze Schnecke, und somit auch ein Plastifizierzylinder ohne Überlänge, benötigt. Dies führt dazu, dass dieses Verfahren auf bestehenden Spritzgießmaschinen nachgerüstet werden kann [19, 21]. Das System hat sich jedoch am Markt nicht durchgesetzt.

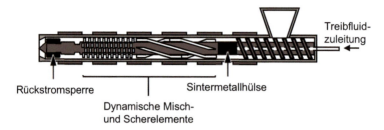

Bild 2.8 Anlagentechnik zur Treibfluiddosierung über die Schnecke [19]

2.2.4.5 Einbringen des Treibfluids im Angusssystem des Spritzgießwerkzeugs

Die Firma Stieler Kunststoff Service GmbH, Goslar, vertreibt unter dem Handelsnamen SmartFoam® ein Verfahren, bei welchem das Treibfluid im Angusskanal des Werkzeugs in die Schmelze eingetragen wird. Das Spritzgießwerkzeug muss dafür einen Angusskanal mit Nadelverschlussdüse aufweisen. Die Schmelze wird unmittelbar vor dem Angusskanal über einen Treibfluidinjektor mit nachgeschaltetem Mischelement begast. Eine sequenzielle Begasung der Schmelze führt zu einem Bauteil mit kompakter Randschicht und aufgeschäumtem Kern.

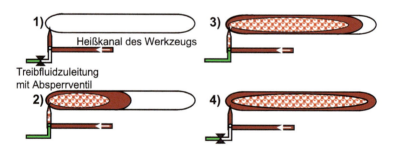

Bild 2.9 Prinzip der Treibmittelzuführung im Heißkanal des Werkzeugs [22]

Hierbei wird zunächst eine kleine Menge kompakter Schmelze für die Randschicht in das Werkzeug eingespritzt, anschließend das Ventil des Treibfluidinjektors geöffnet, und der Kern aufgeschäumt. Zum Schluss schließt das Ventil wieder und es wird zur Versiegelung nochmals eine kleine Menge ungeschäumter Schmelze eingespritzt.

Das Verfahren eignet sich aufgrund der geringen Mischzone und der damit einhergehenden makrozellulären Schaumstruktur eher für dickwandige Bauteile. Das Unternehmen gibt eine Zykluszeiteinsparung von bis zu 50 % gegenüber herkömmlichen Schaumspritzgießprozessen an [23].

2.2.4.6 Einbringung des Treibfluids im Bereich des Trichters

Das ebenfalls am Institut für Kunststoffverarbeitung (IKV), Aachen, entwickelte ProFoam®-Verfahren ist ein kontinuierlicher Prozess, der als eine Weiterentwicklung des Vorbeladens des Granulats im Autoklaven zu sehen ist. Das ProFoam®-Verfahren lässt sich daher zwischen den Vorbeladungs- und Direktbegasungsprozessen eingliedern [4]. Heute wird das System von der Arburg GmbH & Co. KG, Loßburg, vertrieben.

Das Plastifizieraggregat wird hier mittels einer Druckkammerschleuse unter Treibfluidatmosphäre gesetzt [24]. Das Granulat wird zunächst drucklos in einen Trichter gegeben. Über ein Klappenventil gelangt das Granulat zunächst in die Schleusenkammer und anschließend über ein weiteres Ventil in die Speicherkammer. In der Speicherkammer, die immer unter dem gewünschten Beladungsdruck steht, erfolgt die Beladung mit dem Treibfluid (N_2 oder CO_2). Der Druck in der Schleusenkammer wird über ein Steuerventil zwischen Umgebungsdruck (zur Nachförderung von neuem Material) und Beladungsdruck (zur Übergabe in die Speicherkammer) umgeschaltet [25]. Anschließend erfolgt die Zudosierung in die Plastifiziereinheit. Das Aufschäumen erfolgt durch den Druckabfall im Werkzeug.

Das System ist prinzipiell auf jeder Spritzgießmaschine nachrüstbar. Neben der Druckkammerschleuse muss hierfür jedoch die Schnecke gegen das Gehäuse der Spritzgießmaschine abgedichtet werden. Dies wird mittels eines Dichtrings am hinteren Ende der Schnecke bzw. des Plastifizierzylinders und einer Nadelverschlussdüse realisiert. Der Vorteil dieses Prozesses ist die Ausnutzung der gesamten Schneckenlänge als dynamischer Mischer. Das Ergebnis ist eine sehr homogene Treibmittelverteilung und lange Diffusionszeiten über die gesamte Schneckenlänge hinweg. Ein weiterer Vorteil ist die Möglichkeit der Dosierung des Treibmittels direkt aus der Gasflasche, und somit der Wegfall einer kostenintensiven Gasdosierstation [4].

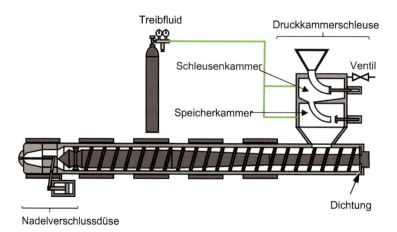

Bild 2.10 Anlagentechnik für das ProFoam®-Verfahren [6]

2.2.4.7 Vorbeladungsverfahren

2.2.4.7.1 Vorbeladung des Granulats im Autoklaven

Eines der anlagentechnisch einfachsten Verfahren zur Beladung der Schmelze mit Treibfluiden ist die Vorbeladung des Granulats in einem Autoklaven. Das Granulat wird dabei in einem Autoklaven unter einer Treibfluidatmosphäre bei Raumtemperatur und unter einem Druck von bis zu 70 bar gelagert. Ist das Polymer mit dem Treibfluid gesättigt, d. h. es findet keine weitere Sorption mehr statt, so kann das Polymer aus dem Autoklaven entnommen und auf einer Spritzgießmaschine wie normales Material verarbeitet werden. Aufgrund von hohen Treibmittelverlusten durch Desorption unmittelbar nach der Entnahme aus dem Autoklaven wird das Material erst 1 – 2 Stunden später verarbeitet, um eine reproduzierbare Treibmittelmenge in der Schmelze zu erzielen. Wird das vorbeladene Material innerhalb weniger Stunden nach Entnahme nicht verarbeitet, so kann der Treibfluidgehalt im Granulat so weit sinken, dass ein Aufschäumen nicht mehr möglich ist [6]. Dieses Verfahren wird heute von der Linde AG unter dem Handelsnamen *Plastinum*® auf dem Markt angeboten. Hierbei wird das Granulat nach dem Trocknen in einem Druckbehälter mit CO_2 „imprägniert".

Der Treibmittelgehalt im Polymer lässt sich einfach durch das Kunststoffmaterial, den Beladungsdruck, die Temperatur im Autoklaven sowie durch die Imprägnierzeit einstellen.

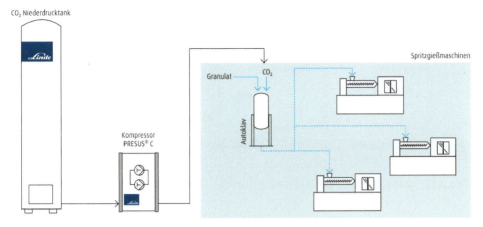

Bild 2.11 Verfahrensablauf des Plastinum®-Verfahrens [26]

2.2.4.7.2 Aufschäumen durch Beladen von Formteilen im Autoklaven

Nicht nur das Granulat kann durch das Beladen mit Treibmitteln im Autoklaven in einem zweiten Schritt aufgeschäumt werden. Es ist sogar möglich, ganze Formteile durch eine Vorbeladung im Autoklaven aufzuschäumen. Man unterscheidet hier zwischen dem ein- und dem zweistufigen Verfahren.

Der erste Prozessschritt ist hierbei derselbe, unabhängig davon, ob es sich um Granulat oder ein Formteil handelt. Ein kompaktes, im Spritzgieß- oder Extrusionsverfahren hergestelltes Formteil wird bei Raumtemperatur in einem Autoklaven unter eine Treibfluidatmosphäre gesetzt. Aufgrund der größeren Dicken der Bauteilwände im Vergleich zu Granulatkörnern betragen die Beladungsdrücke hier bis zu 400 bar. Nach Erreichen des Sättigungszustandes wird der Druck im Autoklaven abgebaut und das Formteil entnommen. Anschließend wird es in einem zweiten Schritt für einen definierten Zeitraum in ein Flüssigkeitsbad, z. B. aus Wasser oder Glycerin, gelegt. Die Temperatur des Flüssigkeitsbades liegt dabei im Bereich der Erweichungstemperatur des Polymers. Durch die Wärmezufuhr erweicht das Material, und der Formänderungswiderstand sinkt. Die Zellnukleierung und das Zellwachstum setzen ein. Bei Temperaturen um die Erweichungstemperatur des Polymers bildet sich ein geschlossenzelliger Schaum aus. Bei höheren Temperaturen wachsen die Zellen weiter und verbinden sich unter Umständen mit den Nachbarzellen. Dadurch entsteht eine Kombination aus offen- und geschlossenzelligem Schaum [27].

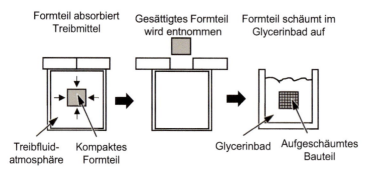

Bild 2.12 Prinzip des 2-stufigen Autoklav-Verfahrens [27]

Mit dem zweistufigen Autoklav-Verfahren können sowohl dünn- als auch dickwandige Formteile aufgeschäumt werden. Der große Vorteil hierbei ist, dass der anlagentechnische Aufwand geringgehalten werden kann. Auf konventionellen Spritzgießmaschinen hergestellte kompakte Formteile können nachträglich verschäumt werden. Das Verfahren hat jedoch auch viele Nachteile wie eventuell auftretenden Verzug, eine inhomogene Schaumdichte und Schwierigkeiten beim Ausschäumen dicker Bauteile [27], weshalb es industriell keine Bedeutung erlangte.

2.2.4.7.3 Einbringen des Treibfluids Wasser über eine Trägersubstanz

Das Unternehmen MöllerTech GmbH, Bielefeld, entwickelte ein Verfahren, welches Wasser als physikalisches Treibfluid nutzt. Das unter dem Handelsnamen *AquaCell*® angebotene Schäumverfahren nutzt mit Wasser befeuchtete Naturfaserpartikel als Trägermaterial, um das Wasser in das Polymer einzubringen [28]. Dies ist nötig, da viele Kunststoffe, wie z. B. Polypropylen, hydrophob sind. Als Naturfaserpartikel werden sogenannte Faserschäben aus Hanf verwendet. Diese sind gleichmäßig gebrochene holzartige Abfallprodukte aus der Fasergewinnung von Bastfasern. Sie bestehen zu einem Großteil aus Zellulose. Die Faserschäben weisen ein hohes Wasseraufnahmevermögen auf und werden in einer externen Mischeinheit außerhalb der Spritzgießmaschine vor dem Spritzgießprozess mit dem Polymergranulat vermischt. Die Schäben verbleiben nach der Verarbeitung im polymeren Bauteil. Aus diesem Grund können mit diesem Verfahren nur Kunststoffe verarbeitet werden, welche nicht hydrolytisch abbauen und eine Verarbeitungstemperatur von maximal 200 °C aufweisen, um eine Zersetzung der Schäben zu verhindern. Das Wasser bleibt aufgrund des Staudrucks der Plastifiziereinheit zunächst flüssig und verdampft erst mit der Druckabsenkung durch das Einspritzen in das Werkzeug. Durch das Verdampfen und Expandieren des Wassers werden die Schaumzellen gebildet. Mit dem AquaCell®-Verfahren werden im Vergleich zu anderen Verfahren relativ große Schaumstrukturen ausgebildet.

2.2.4.7.4 Einbringen von Treibfluiden im festen Aggregatzustand

Im Gegensatz zu allen anderen bisher benannten Prozessen, in denen das physikalische Treibmittel im flüssigen, gasförmigen oder überkritischen Aggregatzustand zugeführt wird, ist es auch möglich, Treibmittel im festen Aggregatzustand in die Schmelze einzubringen. Zwei Verfahren zur Dosierung von Treibmitteln in fester Form wurden patentiert:

Beckmann [29] schlägt die Zugabe eines festen Treibmittels, wie CO_2, N_2 und Wasser direkt in das von der Spritzgießmaschine aufgeschmolzene Polymer vor. Das Treibmittel soll mittels eines Zahnraddosierers dosiert werden. Als weitere Möglichkeit gibt er an, das Treibfluid in einer festen Hülle zuzuführen, welche im Polymer aufschmilzt oder sich auflöst. Auch chemische Treibmittel oder Kombinationen beider Treibmittelarten könnten so dosiert werden [6].

Nach Cramer et al. [30] soll festes Kohlenstoffdioxid (Trockeneis) mittels eines Zusatzaggregats unterhalb des Granulattrichters zugegeben werden. Das Treibmittel soll parallel zum Aufschmelzvorgang des Polymers sublimieren. Treibfluidverluste vor dem Aufschmelzen des Polymers werden bei diesem Verfahren in Kauf genommen. Das System kann somit auf jeder konventionellen Spritzgießmaschine nachgerüstet werden [6]. Eingesetzt wird dieses Verfahren jedoch nicht.

Eine weitere Möglichkeit, Treibmittel in fester Form in die Schmelze einzudosieren, sind expandierbare Mikrosphären. Hierbei handelt es sich um sehr kleine thermoplastische Hohlkugeln mit Durchmessern von etwa 10 – 35 µm, welche mit einem Treibgas gefüllt sind. Bei ausreichender Wärmeeinwirkung erweicht die thermoplastische Hülle und das Treibgas expandiert [12]. Dabei werden Volumenzunahmen von bis dem 50-fachen der ursprünglichen Größe erzielt [11]. Expandierbare Mikrosphären werden wie chemische Treibmittel als Pulver oder Masterbatch in das Polymergranulat eingemischt. Sie sind jedoch auch in fertigen Compounds erhältlich [12]. Daher wird auch hier keine spezielle Anlagentechnik zum Dosieren benötigt. Die Verwendung von Mikrosphären führt im Allgemeinen zu matten und strukturierten Oberflächen [11]. Die bei anderen Verfahren bzw. Treibmitteln auftretenden Silberschlieren auf der Oberfläche sind hier nicht vorhanden.

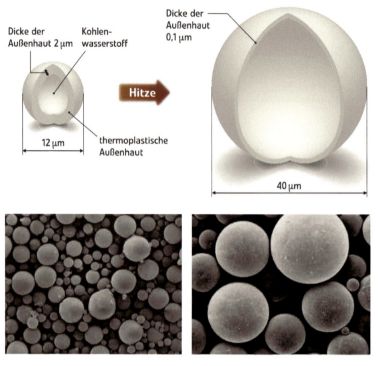

Bild 2.13 Schematische Darstellung der Mikrosphären-Expansion [11]

Literatur

[1] Michaeli, W., Pfannschmidt, O., Habibi-Naini, S.: Wege zum mikrozellulären Schaum. *Kunststoffe*, (2002) 6, S. 48 – 52

[2] Altstädt, V., Mantey, A.: Thermoplast-Schaumspritzgießen. München: Carl Hanser Verlag, 2011

[3] Shutov, F. A.: Integral/Structural Polymer Foams. Berlin, Heidelberg: Springer Verlag, 1986

[4] Opdenwinkel, K.: Physikalisches Schäumen von Elastomeren im Spritzgießprozess. RWTH Aachen, Dissertation, 2011, ISBN 3-86130-309-4

[5] Wiesner, M.: Chemische Treibmittel – Eine Einführung in das Schäumen von Polymeren. Umdruck zum IKV-Seminar „Thermoplastische Schaumstoffe". Aachen, 2004

[6] Obeloer, D.: Thermoplast-Schaumspritzgießen mit gemeinsamer Granulat- und Gaszuführung, RWTH Aachen, Dissertation, 2012, ISBN 3-86130-949-1

[7] Lübke, G.: Dünnwandige Bauteile. *Kunststoffe*, (2002) 12, S. 2 – 5

[8] Cramer, A.: Analyse und Optimierung der Bauteileigenschaften beim Thermoplast-Schaumspritzgießen. RWTH Aachen, Dissertation, 2008, ISBN 3-86130-857-6

[9] Praller, A.: Schäumen von Kunststoffen mit Inertgasen. *Kunststoffe*, (2005) 6, S. 96 – 99

[10] Maio, E. D., Mensitieri, G., Iannace, S., Nicolais, L., Li, W., Flumerfelt, R. W.: Structure Optimization of Polycaprolactone Foams by Using Mixtures of CO_2 and N_2 as Blowing Agents. *Polymer Engineering and Science*, (2005) 3, S. 432 – 441

[11] Rosskothen, K. R.: Elastische Leichtgewichte erzeugen. *Kunststoffe*, (2014) 2

[12] Danz, C.: Schaumspritzgießen mit expandierbaren Mikrosphären – Möglichkeiten und Anwendungsbeispiele, Umdruck zur IKV-Fachtagung „Thermoplast-Schaumspritzgießen – Erfolgreich durch Material- und Energieeffizienz", Aachen, 2018

[13] Wang, M., Chang, R., Hsu, C.: Molding Simulation: Simulation and Practice, München: Carl Hanser Verlag, 2018

[14] Hüttl, A., Kremer, D., Ballach, F., Bloß, D.: Sandwich in Waffelform, *Kunststoffe*, (2018) 10

[15] Gruber, M.: Schaumspritzgießen mit physikalischen Treibmitteln – Maschinenausrüstung und Prozessführung, Umdruck zum IKV-Seminar „Thermoplastische Schaumstoffe – Verarbeitungstechnik und Möglichkeiten der Prozessanalyse", Aachen, 2004

[16] Ehrtritt, J., Eckhardt, H.: EP 0 995 569 A2: Verfahren und Vorrichtung zum Spritzgießen von Kunststoffformteilen aus thermoplastischem Kunststoff. Patentschrift, Europäisches Patentamt, 26.04.2000

[17] Keck, B.: Formteile leicht gemacht. *Industrieanzeiger*, (2002) 8/9, S.73–75, URL: *https://industrieanzeiger.industrie.de/allgemein/formteile-leicht-gemacht/*, Zugriff am: 02.09.2020

[18] Pahlke, S.: Qualität verbessern und Kosten senken durch physikalisches Schäumen beim Spritzgießen, Umdruck zum IKV-Seminar „Thermoplastische Schaumstoffe – Verarbeitungstechnik und Möglichkeiten der Prozessanalyse", Aachen, 2004

[19] Habibi-Naini, S.: Neue Verfahren für das Thermoplastschaumspritzgießen. RWTH Aachen, Dissertation, 2004, ISBN: 3-86130-495-3

[20] Michaeli, W.; Pfannschmidt, O.; Schröder, T.: DE 19853021 A1: Vorrichtung zur Herstellung geschäumter Kunststoff-Formteile durch Einbringen eines physikalischen Treibmittels in den Schmelzestrom einer konventionellen Spritzgießmaschine. Patentschrift, DPMA, 27.07.2000

[21] Habibi-Naini, S.; Pfannschmidt, O.; Schlummer, C.: EP 1387751 B1: Spritzgießmaschine und Spritzgießverfahren zur Herstellung geschäumter Formteile. Patentschrift, Europäisches Patentamt, 11.02.2004

[22] N.N.: SmartFoam®, URL: *https://cms.stieler.de/de/sonderverfahren/smartfoam*, Zugriff am: 16.12.2018

[23] Stieler, U.: Schäumen im Werkzeug. *Kunststoffe*, (2008) 9, S. 68–71

[24] Hehl, K.: DE 10 2009 012 481 B3: Spritzgießmaschine zur Verarbeitung von Kunststoffen. Patentschrift, 23.09.2010

[25] Obeloer, D.: ProFoam – Neues Verfahren zum physikalischen Schäumen von Thermoplasten, Umdruck zur IKV-Fachtagung „Kunststoffschäume – Neue Prozesse aus Spritzgießen und Extrusion", Aachen, 2008

[26] Szych, P.; Kürten, A.: Die neue leichte Art zu schäumen, *Kunststoffe*,(2017) 9

[27] Pfannschmidt, L.: Herstellung resorbierbarer Implantate mit mikrozellulärer Schaumstruktur, RWTH Aachen, Dissertation, 2001, ISBN 3-89653-996-5

[28] Beckmann, A.: Wasser erleichtert, *Kunststoffe*,(2009) 11

[29] Beckmann, A.: DE 102 18 696 A1: Verfahren zur Herstellung eines geschäumten Kunststoffs. Patentschrift, DPMA, 27.11.2003

[30] Cramer, A.; Obeloer, D.; Hildebrand, T.: DE 10 2005 061 053 A1: Vorrichtung und Verfahren zur Herstellung physikalisch getriebener Schäume. Patentschrift, DPMA, 21.06.2007

3 Definition und Merkmale des physikalischen Schaumspritzgießens

Die Herstellung thermoplastischer, geschäumter Formteile nach dem Spritzgießverfahren erfolgt durch Zugabe eines Treibmittels zum Polymer. Dabei wird nach chemischen und physikalischen Treibmitteln unterschieden. Die chemischen Treibmittel werden der verarbeitenden Industrie als Masterbatch angeboten. Beim Zersetzungsprozess des Masterbatches fallen neben dem Anteil an Treibgas auch weitere Reststoffe beim Spritzgießen an, die im Kunststoffbauteil verbleiben. Physikalische Treibmittel sind hauptsächlich die Inertgase Stickstoff (N_2) und Kohlendioxid (CO_2), die während des Verarbeitungsprozesses in verschiedenen Aggregatzuständen von gasförmig bis überkritisch vorliegen.

Unabhängig – sowohl vom TSG-Verfahren als auch vom Treibmitteleinsatz – liegt der Spritzkörper in Form eines Strukturschaums vor, mit einem Kern aus geschlossenen Blasen, auch Zellen genannt, und einer kompakten Randschicht an beiden Seiten.

Schaumspritzgießen bringt mehr als nur Gewichtsvorteile. Neben der Bauteilqualität steigt die Designfreiheit für den Teileentwickler!

Die Eigenschaften von Strukturschäumen leiten sich aus diesem charakteristischen Aufbau ab, und bestimmen somit letztendlich auch die Materialkennwerte für den Bauteildesigner. Durch Variation der Randschichtdicke sowie der Zellgröße, Zelldichte und Zellorientierung (bei ellipsenförmigen Zellen) lässt sich die Eigenschaft teilweise auch lastgerecht optimieren. Denkt man dabei an die zwei Phasen der Herstellung eines Einphasengemisches aus Matrixpolymer und Treibgas in der Spritzgießmaschine sowie der Formkörperherstellung in der Kavität des Werkzeugs, ist klar, dass nicht nur die Prozessparameter der Spritzgießmaschine maßgebend sind, sondern ebenso Werkzeugeinflüsse entscheidend zu den Struktureigenschaften beitragen. Last but not least spielt natürlich neben dem zu verarbeitenden Polymer auch der Anteil bzw. die Art des eingesetzten Nukleierungsmittels eine Rolle. Diese hohe Komplexität bei der Schaumherstellung wirkt auf dem ersten Blick schwierig, letztendlich ergeben sich aber für den Fachmann, der alle Stellschrauben beherrscht, Lösungsmöglichkeiten im Leichtbaudesign, die sonst auf keinem vergleichbar kostengünstigeren Weg zu erzielen sind. Lassen Sie uns daher in die Details gehen.

3.1 Eigenschaften von TSG-Strukturschäumen

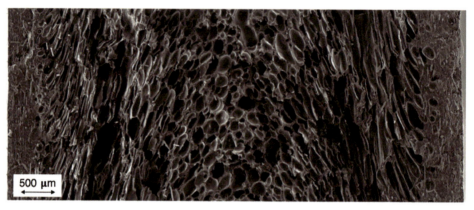

Bild 3.1 Beispiel eines Strukturschaums [Bildquelle: Neue Materialien Bayreuth GmbH]

In Bild 3.1 sehen wir ein typisches Beispiel eines Strukturschaums. Eine solche Struktur zeigt sich unabhängig vom eingesetzten Treibmittel und unabhängig von der Anlagentechnik. Zu sehen sind eine kompakte Randschicht und ein geschäumter Kern, wobei die Dichte von der Mittelachse des Kernes bis zur Randschicht in der Regel leicht zunimmt. Die für den Teilekonstrukteur wichtigen mechanischen Eigenschaften einer solchen Struktur – auch Integralschaum genannt – lassen sich für das Bauteildesign vorteilhaft ausnutzen.

Bis wir jedoch später noch genauer hierauf eingehen, soll ein Zitat aus der Dissertation von Cramer aus 2008 [1] den Status zur damaligen Zeit erklären: *„Eine weitere Herausforderung findet sich bei den mechanischen Eigenschaften thermoplastischer Schäume. Grundsätzlich wird deren Mechanik durch das Fehlen von Last übertragendem Material im Vergleich zu kompakten Bauteilen bei gleichen Dimensionen verringert. Dies gilt sowohl für Bauteile, die auf Zug, auf Biegung, als auch auf Schlag belastet werden. Lediglich bei Normierung der Eigenschaften auf das Gewicht können abhängig vom Lastfall bessere mechanische Eigenschaften erzielt werden. Durch den sandwichartigen Aufbau spritzgegossener thermoplastischer Schäume resultiert bei niedrigem Gewicht ein hohes Flächenträgheitsmoment, wodurch haupt-*

sächlich die auf das Gewicht bezogene Lastaufnahme bei Biegebeanspruchung im Vergleich zum Kompaktspritzgießen verbessert werden kann. Dieses Potential bleibt jedoch häufig ungenutzt, da die Formteile in vielen Fällen nach Kriterien des konventionellen Spritzgießens ausgelegt werden. Ein Grund ist die oftmals genannte Unkenntnis der Zusammenhänge zwischen den Schaumstrukturen und den resultierenden mechanischen Eigenschaften. Eine Vorhersage des Formteilbildungsprozesses, geschweige denn eine Struktursimulation der hergestellten Bauteile, ist heutzutage trotz langjährigen Arbeiten in diesem Bereich noch nicht möglich. Diese Vorhersage muss aber langfristiges Ziel sein, um den Einsatz geschäumter Bauteile als technische Spritzgießartikel zu ermöglichen und zu erweitern."

Dieses Zitat gibt einen zur damaligen Zeit richtigen Stand der Technik wieder! Alle die genannten damals ungelösten Probleme werden jedoch in diesem Buch, insbesondere in den Kapiteln 4 (Konstruktionsrichtlinien) und 5 (Simulation), aufgegriffen und beantwortet werden. Es gibt also von daher heute so gut wie keine offenen Fragestellungen mehr!

Fragen Sie Ihren Bauteildesigner, ob er den Unterschied zwischen kunststoffgerechter Konstruktion im Kompaktspritzguss und im Schaumspritzguss beherrscht? Wenn nicht, wechseln Sie den Designer oder schulen Sie Ihren Designer für beide Anwendungsfälle.

3.1.1 Gewichtsreduktion

Typische Gewichtsreduktionen von Fertigteilen liegen zwischen 5 % und 15 %, abhängig vom Materialeinsatz (Polymer und Menge des Treibmittels) und den Prozessbedingungen während der Herstellung des Formteiles. Da die zur konstruktiven Teileauslegung nötigen Materialkennwerte jedoch von der Randschichtdicke sowie der Zellstruktur abhängen, steht eine eventuell gewünschte hohe Gewichtsreduktion immer in Konkurrenz zu den notwendigen und hinreichenden Materialkennwerten. Auslegungsbedingt führt dies daher immer zu Kompromissen.

3.1.2 Einfallstellen

Einfallstellen lassen sich an den Spritzlingen – speziell auch bei Wanddickensprüngen – nahezu komplett eliminieren, da sich der nötige Druck im Werkzeug durch das Treibmittel von innen heraus fast gleichmäßig auf die Polymerschmelze auswirkt. Dies ermöglicht dem Teilekonstrukteur ein großes Zusatzpotenzial: Im Gegensatz zum bekannten kunststoffgerechten Design, bei dem innerhalb der Kavität in der Nachdruckphase eine erhebliche Druckdifferenz zwischen Anguss und Fließlinienende herrscht, lassen sich mit Blick auf Kerbwirkungen oder Krafteinleitungen die mechanischen Anforderungen von z. B. Rippenstrukturen leichtbaugerechter gestalten. Siehe dazu auch Bild 3.2 zur Erläuterung.

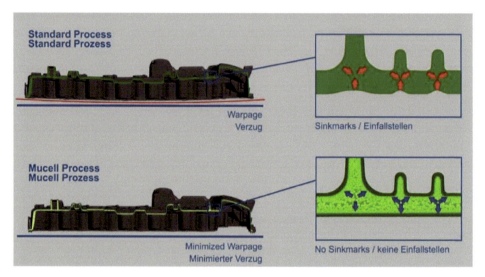

Bild 3.2 Vermeidung von Einfallstellen bei TSG [Bildquelle: Engel Austria GmbH]

3.1.3 Formteilverzug

Prozessbedingt verringert sich auch der Verzug der Formteile dramatisch. Dadurch, dass sich, wie bereits im vorherigen Kapitel gesagt, der nötige Druck zur Ausformung des Einphasengemisches in der Kavität durch das Treibgas „von innen heraus" bildet, ist im Prozessablauf im Gegensatz zum Kompaktspritzguss kein Nachdruck nötig. Die für das Spritzgießen daraus resultierenden typischen Eigenspannungen und eingefrorenen Orientierungen der Molekülketten werden minimiert. Dadurch lassen sich dann Bauteile mit wesentlich engeren Toleranzen für den späteren Montageprozess passgenauer fertigen.

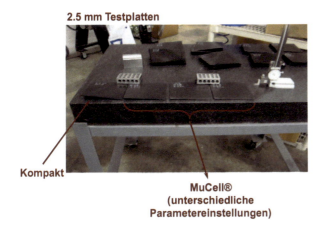

Bild 3.3 Testergebnisse mit stark verringertem Verzug [Bildquelle: Trexel GmbH]

3.1.4 Schwindungsverhalten

Generell werden TSG-Schäume mit geringerem Schwindungsverhalten produziert als die klassischen Spritzgussteile. Dabei muss aber in ein unterschiedliches Schwindungsverhalten in Dicken- und Längsrichtung aufgeteilt werden [2]. Die in Dickenrichtung bemerkbare Schwindung ist deutlich geringer als beim Kompaktspritzguss, wohingegen der Blick auf die Längsschwindung wenig bis keinen Unterschied zum bekannten Schwindungsverhalten des klassischen Spritzgusses zeigt.

Dieses unterschiedliche Verhalten lässt sich gut, basierend auf Bild 3.1 des Integralschaums, erklären: In Dickenrichtung wirkt das Blasenwachstum im Inneren des Integralschaums der Schwindung direkt entgegen. Hingegen wirken in Längsrichtung die kompakten Randschichten des Strukturschaums ähnlich wie ein Kompaktbauteil, wohingegen das Blasenwachstum keinen großen Einfluss nimmt. Damit liegt auch ein ähnliches Schwindungsverhalten vor.

3.1.5 Mechanische Eigenschaften

Die mechanischen Eigenschaften von Strukturschäumen lassen sich durch die Prozessbedingungen in einer gewissen Bandbreite variieren. Für die Biegebeanspruchung bzw. das Biegemodul liegt der hauptsächliche Einfluss in der *Randschichtdicke*. Der Haupteinfluss auf Spannungen und Bruchdehnungen wird dagegen von der *Bauteildichte* bestimmt [3], wie Bild 3.4 gut zeigt. Genauere Zusammenhänge dazu sowie die unterschiedlichen Einflüsse bei amorphen oder teilkristallinen thermoplastischen Werkstoffen kann man im Kapitel 6 „Polymere für das Schaumspritzgießen" finden.

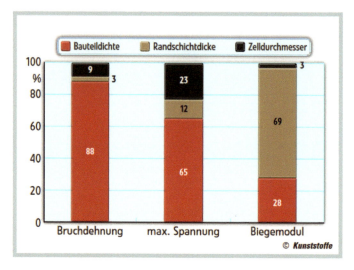

Bild 3.4 Biegebeanspruchung bei einem Bauteil aus PBT. Die Grafik zeigt den hauptsächlichen Einfluss der Randschichtdicke auf den Biegemodul, wohingegen die Bauteildichte den Haupteinfluss auf Spannungen und Bruchdehnung ausübt [Bildquelle: IKV Aachen, [3], Copyright: Kunststoffe, Hanser Verlag]

3.1.6 Isolationsverhalten gegen Temperaturgradienten

Bekanntermaßen isolieren Schäume gegen Wärme/Kälte, was natürlich auch für die Strukturschäume zutrifft. Dabei spielt insbesondere die Zellgröße, aber auch die Zellgleichförmigkeit, die Hauptrolle. Die Wärmeübertragung nimmt ab, bzw. die Isolationswirkung nimmt zu, bei abnehmendem Durchmesser der Schaumzellen [4].

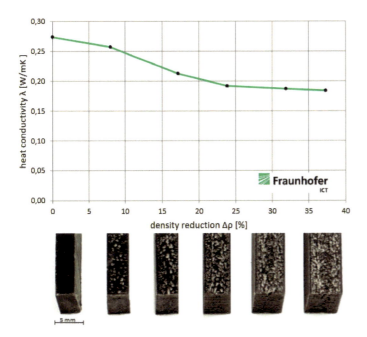

Bild 3.5 Isolationsverhalten von PP-LGF30 [Bildquelle: Fraunhofer ICT]

3.1.7 Isolationsverhalten gegen Schall

Im Gegensatz zu den positiven Eigenschaften bei Wärmeisolation ist der Einsatz der TSG-Schäume zur Verbesserung von Schalldämmung eher wenig geeignet [6]. Schallisolation bedarf einer offenporigen Zellstruktur, wie wir sie beim Schaumspritzgießen ja gerade prozesstechnisch vermeiden wollen, und aufgrund der resultierenden Integralschaumstruktur auch nicht haben. Interessant wird es jedoch, denkt man über das Eigenfrequenzverhalten des Kunststoffbauteils nach. Durch die Gewichtsreduktion aufgrund des Schäumens erhält man geänderte Eigenfrequenzen, eine Eigenschaft, die der Bauteilkonstrukteur gezielt zur Reduktion von Schallemission ausnutzen bzw. einsetzen kann.

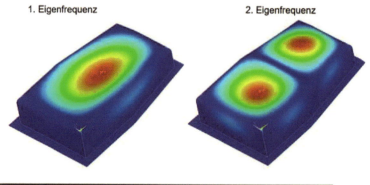

Dichte [g/cm³]	1. Eigenfrequenz [Hz]	2. Eigenfrequenz [Hz]	3. Eigenfrequenz [Hz]	4. Eigenfrequenz [Hz]
1,47	364	543	833	889
1,33 (MuCell)	383	571	876	935

Bild 3.6 Eigenfrequenzänderungen bei Dichteänderungen des Materials [Bildquelle: Rhodia GmbH]

3.1.8 Ausgasung

Spezielle Beachtung hinsichtlich der Ausgasung der Spritzlinge nach der Herstellung ist immer dann notwendig, wenn die Bauteile im Anschluss lackiert werden. Ebenso kritisch wird es im In-Mould-Verfahren, sobald eingelegte Dekorfolien hinterspritzt werden. In einem solchen Fall kann es aufgrund von Ausgasungen zu Teilablösungen der Folie vom Träger kommen. Eine zumindest optisch inakzeptable Qualität.

Probleme beim anschließenden Lackieren lassen sich durch eine Zwischenlagerung lösen, die jedoch durchaus bis zu einigen Tagen dauern kann. Generell kann man aber sagen, dass die Ausgasung umso niedriger ist, je niedriger der Treibmitteleinsatz gewählt, und/oder je höher der Schäumgrad im Prozess eingestellt wurde. Der Einfluss der Spritzgießparameter ist hingegen ohne größere Relevanz.

3.1.9 Oberflächen

Wenn wir bis zu diesem Unterkapitel bisher überwiegend von positiven Eigenschaften der Strukturschäume schreiben konnten, kommt nun in diesem letzten Eigenschaftskapitel die bis heute nicht vollständig gelöste Problematik des *Sichtbereiches von TSG-Bauteilen* zum Tragen. Die als „Silberschlieren" bekannten Oberflächendefekte (wir werden später darauf zurückkommen) führten jahrelang dazu, die TSG-Bauteile nur im „Nicht-Sichtbereich" einzusetzen.

Bild 3.7 Typische Silberschlieren an Elektronikgehäusen [Bildquelle: Trexel GmbH]

Eine Klassifizierung der Bauteile aus Sicht eines Betrachters der Oberfläche ist dabei wie folgt:

- Bauteile für den Nicht-Sichtbereich
- Bauteile für den Sichtbereich
- Bauteile für den Sichtbereich, geeignet zur Lackierung
- Bauteile für Class-A-Oberflächen

Der Stand der Technik geht heute so weit, dass TSG-Bauteile bis hin zur Gruppe der zur Lackierung geeigneten Thermoplastteile wirtschaftlich möglich sind. Auf die dazu notwendigen zusätzlichen Maßnahmen wird im Abschnitt 3.4 eingegangen.

■ 3.2 Herstellungsprozess von Strukturschäumen

Zum Verständnis der im Abschnitt 3.1 beschriebenen Eigenschaften von TSG-Teilen schauen wir uns nun genauer die Physik des Schäumens mit physikalischen Treibmitteln an. Zum besseren Verständnis tragen hier insbesondere die Veranschaulichung der Prozesse beim Spritzgießen sowie die zum jeweiligen Prozessschritt vorliegende Materialmorphologie bei.

Wie Bild 3.8 zeigt, konzentrieren wir uns auf zwei Bereiche: Zum einen auf die *Aufbereitung* des Einphasengemisches in der Plastifiziereinheit, zum anderen auf das *Aufschäumen* des Materialgemisches zum fertigen Bauteil in der Kavität des Werkzeuges. Vereinfacht gesagt, wird nun im ersten Schritt ein Treibfluid (beim physikalischen Schaumspritzguss) oder ein Masterbatch (beim chemischen Schaumspritzguss) in das Matrixpolymer eingemischt. Beim Einspritzvorgang in das Werkzeug kommt es dann aufgrund des Druckabfalls zum Aufschäumen in der Kavität. Im Anschluss erfolgt der Kühlvorgang, und das Bauteil kann entnommen werden. Zum besseren Verständnis gehen wir nun weiter ins Detail und konzentrieren uns dabei auf den physikalischen Schaumspritzguss.

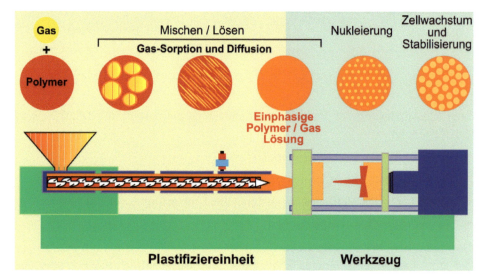

Bild 3.8 Veranschaulichung TSG-Prozess und Morphologie [Bildquelle: Neue Materialien Bayreuth GmbH]

3.2.1 Stofftransport und Mischen des Treibfluids im Matrixpolymer

Vorab einige wichtige grundsätzliche Begriffserklärungen zum Stofftransport eines Fluids im Matrixpolymer:

- *Adsorption* bezeichnet die Anlagerung des Fluids an der Oberfläche des Polymers
- *Absorption* bezeichnet die Aufnahme des Fluids im Polymer
- *Diffusion* bezeichnet die Transportvorgänge der Fluidmoleküle im Polymer
- *Sorption* bezeichnet die Löslichkeit des Fluids im Polymer

Der Stofftransport startet mit der Adsorption des Fluids am Matrixpolymer mit einer anschließenden Absorption im Kunststoff, hin bis zu einer maximal möglichen Sorption. Die im Polymer stattfindende Diffusion wird durch Konzentrations- und Partialdruckgefälle bestimmt.

Das hauptsächlich verwendete physikalische Treibmittel ist Stickstoff, zum geringen Anteil wird auch CO_2 eingesetzt. Neben dem Aufschäumen der Schmelze sieht man auch eine Verringerung der Viskosität, und zwar dann, wenn der Partialdruck des Treibmittels den Schmelzedruck übersteigt [7]. Die Tabelle (Bild 3.9) einiger typischer ausgewählter Eigenschaften kann dies gut aufzeigen:

		Einheit	Polymer	Stickstoff	Kohlendioxid
Diffusionskoeffizient		10 -6 cm²/s	PE-LD	0,35	0,37
			PC	0,015	0,005
Löslichkeit		cm³(STP)/cm³ bar	PE-LD	0,025	0,46
			PC	0,028	1,78
Kritischer Punkt	Druck	bar		33,98	73,83
	Temperatur	°C		-146,9	31,04

Bild 3.9 Einige Daten zu Stickstoff und Kohlendioxid [Bildquelle: Wobbe & Partner]

Wichtig zum weiteren Verständnis ist neben der Tabelle ein zusätzlicher Blick in ein schematisches Phasendiagramm gemäß Bild 3.10. Unser Augenmerk soll hier auf dem kritischen Punkt liegen, der im Bild noch einmal für N_2 und CO_2 gezeigt ist – allerdings ohne Kommastellen. Der vom kritischen Punkt ausgehende „überkritische Bereich" kennzeichnet denjenigen Bereich, in welchem sich Gas wie eine Flüssigkeit verhält.

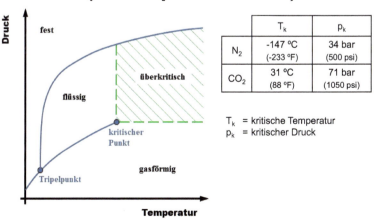

Bild 3.10 Phasendiagramm schematisch [Bildquelle: Trexel GmbH]

Diesen speziellen Aggregatzustand macht man sich beim physikalischen Schaumspritzgießen zunutze, da sich Flüssigkeiten untereinander gezielter vermischen lassen als ein Gas mit einer Flüssigkeit. In diesem Falle sind mit den zwei Flüssigkeiten die Polymerschmelze und das Treibfluid im überkritischen Zustand gemeint! Dazu alles Weitere im Abschnitt 3.2.2.

3.2.2 Beladung und Aufbereitung des Einphasengemisches in der Plastifizierung

Das verbreiteste Verfahren in der Kunststoffindustrie ist die Einbringung des Treibfluids über Injektoren in die Plastifizierung. In geringen Fällen werden die Polymergranulate in einem dem Füllbereich der Schubschnecke vorgelagerten Abschnitt, z. B. einem Autoklaven, über Diffusion beladen. In beiden Fällen kommt es jedoch letztendlich darauf an, dass sich in der Plastifizierung ein möglichst perfektes Einphasengemisch aus Treibfluid und Matrixpolymerschmelze bildet. Dazu bedarf es definierter Prozessbedingungen, die basierend auf einer speziellen Mischschneckengeometrie mittels Maschinenparametern eingestellt werden.

Blicken wir noch einmal zurück auf die kritische Temperatur sowie den kritischen Druck des Treibfluids, so wird dem Spritzgießer sofort klar, dass beide Werte sowohl bei CO_2 als auch bei N_2 im laufenden Spritzgießprozess überschritten werden. Insbesondere im Schneckenmischbereich, der ja in der Regel kurz vor der Schneckenspitze liegt, haben wir Temperaturen und Drücke der Schmelze, die immer im überkritischen Bereich liegen. Wesentlich für die Beladungsphase mit Treibfluid sind dann die Diffusion und Sorption sowie das Längs- und Quermischverhalten in der Schnecke.

Die Diffusionsgeschwindigkeit des Treibfluids im Kunststoff ist insbesondere beeinflusst durch die Temperatur sowie die Treibfluidart und das Polymermaterial. Die Sorption wird ebenfalls von der Temperatur beeinflusst, daneben aber auch vom Partialdruck des Treibfluids.

Ein besonderes Augenmerk sollte auf die Geometrie der Mischzone zur Aufbereitung zum Einphasengemisch gelegt werden. Mischt man Flüssigkeiten untereinander, so ist es vorteilhaft, die Mischzonengeometrie sowohl distributiv als auch dispergierend auszulegen. Daneben kommt es auf das richtige Verhältnis zwischen dem Quermischen und dem Längsmischen an.

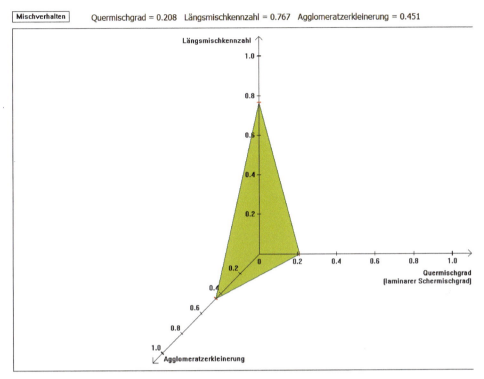

Bild 3.11 Mischungsdreieck zur Beurteilung der Mischgüte
[Bildquelle: Yizumi Machinery Ltd., China]

Solche Mischungsdreiecke sind mit dem Schneckenauslegungsprogramm des Institutes KTP an der Universität Paderborn bestimmt worden. Dargestellt sind hier die errechneten Werte hinsichtlich der Längsmischzahl, des Quergrades sowie der theoretischen Agglomeratzerkleinerung. Generell zeigen dabei die kleineren Werte eine gute Wirkung an, während der Wert „1" keine Wirkung darstellt.

3.2.3 Aufschäumen und Fixierung des Bauteils in der Werkzeugkavität

Nachdem in der Plastifiziereinheit aufgrund perfekter Randbedingungen ein homogenes Schmelze-Treibfluid-Gemisch bereitgestellt wurde, haben nun die nachfolgenden Vorgänge im Werkzeug den weiteren entscheidenden Einfluss auf die Qualität des Bauteils. Die in Bild 3.8 erwähnte Nukleierung der Blasen hat den wesentlichen Einfluss auf die Zelldichte der späteren Schaumstruktur und beginnt idealerweise mit Eintritt der Schmelze in die Kavität. Das thermodynamische

Gleichgewicht, das während der vollständigen Löslichkeit des Treibfluids mit der Schmelze in der Plastifizierung vorhanden ist, ist aufgrund des Druckabfalls in der Kavität nicht mehr vorhanden. Ein Teil des Gases tritt aus der Schmelze aus und bildet Blasenkeime. Dieses passiert am besten dann, wenn dieser Vorgang durch einen schnellen Druckabfall induziert wird. Man erzielt auf diese Art eine höhere Anzahl von Zellen mit kleineren Durchmessern und homogener Struktur im Schaum.

Grundsätzlich unterscheidet man zwischen der eben beschriebenen homogenen Nukleierung und heterogener Keimbildung. Heterogene Keimbildung entsteht an den Grenzflächen zu Verunreinigungen in der Schmelze, die auch gezielt als Nukleierungsmittel vorab eincompoundiert werden können. Als Resultat erhält man noch feinzelligere Schäume.

Das nun im Anschluss an die Keimbildung startende Zellwachstum basiert auf der Diffusion des gelösten Gases innerhalb der Kunststoffschmelze bis hin zu vorhandenen „gekeimten Zellen". Diese Zellen wachsen dann aufgrund ihrer im Inneren herrschenden Drücke, bis sich ein Kräftegleichgewicht mit dem „Umfeld" der Blase innerhalb des Spritzlings einstellt. Diese Gegenkräfte sind abhängig vom pvT-Verhalten und natürlich auch vom gewählten Polymer.

Ein ungewünschter Effekt ist beim Blasenwachstum die *Zellkoaleszenz*, was ein Zusammenwachsen von benachbarten Zellen bedeutet. Dies zerstört das gewünschte homogene Schaumbild und wirkt sich ungünstig auf die mechanischen Eigenschaften aus. Solches Verhalten kann bei zu hohen Temperaturen sowie bei Polymeren mit niedrigen Dehnviskositäten auftreten [8].

Die Stabilisierung des Schaums aufgrund der Erstarrung der Schmelze wird hauptsächlich durch die Werkzeugkühlung verursacht. Aber auch durch den Abkühleffekt aufgrund der Energieaufnahme während der Umwandlung des Treibmittels aus der Schmelze in den Gaszustand in der Blase.

3.3 Korrelation der Morphologie der Bauteilstruktur mit den Prozessparametern

Die mikroskopischen Schaumstrukturen beeinflussen die mechanischen Eigenschaften und Kennwerte von geschäumten Bauteilen. Um durch gezielte Einstellung oder Änderung von Prozessparametern die mechanischen Werte für eine gewählte Polymer-Treibmittel-Kombination für den Anwendungsfall zu optimieren, muss man die Zusammenhänge zwischen der Morphologie der Bauteilstruktur und den Prozessparametern kennen. Eine hierzu grundlegende Arbeit [9] stellt die Korrelation zwischen der Randschichtdicke, der Dichteverteilung zwischen den

Randschichten sowie der Zelldichte und der Zellgeometrie mit den mechanischen Kennwerten her. Die Schaummorphologie wird dabei durch Änderungen der Spritzgießparameter Einspritzgeschwindigkeit, Schmelzetemperatur und Werkzeugtemperatur variiert.

Die mit einem atmenden Werkzeug hergestellten Probekörper wurden hinsichtlich ihrer mechanischen Eigenschaften nach den entsprechenden ISO-Normen ermittelt. Es wurden die Eigenschaften im Zug-, Biege- und Durchstoßversuch bestimmt, teilweise auch Werte aus Kriechversuchen unter Zuglast erarbeitet. In Kapitel 6 wird hierauf noch einmal näher eingegangen.

■ 3.4 Einfluss der Prozessparameter auf die Bauteileigenschaften

Durch gezielte Änderung der Spritzgießparameter lassen sich die mechanischen Kennwerte zum Teil erheblich verändern. Naturgemäß hat die Beeinflussung der Randschichtdicke hier eine größere Auswirkung auf z. B. das Biegemodul, als dies bei einer veränderten Dichteverteilung zwischen den Randschichten der Fall ist. Letztendlich lässt sich aber die Schaummorphologie lastgerecht mittels der Spritzgießparameter optimieren. Im Zusammenhang mit einer schäumgerechten topologischen Auslegung des Bauteils ergeben sich damit weitere Einsparpotenziale an Material, und damit natürlich auch an Gewicht und Kosten.

 Denken Sie als Bauteilkonstrukteur bei der topologischen Optimierung auch immer an das zusätzliche Potenzial der lastgerecht optimierten mechanischen Kennwerte! Eine Zusammenarbeit mit einem erfahrenen Prozessingenieur ist dabei hilfreich.

3.4.1 Einfluss der Schmelzetemperatur

Wie bereits gesagt, sinkt die Viskosität einer mit Treibmittel beladenen Schmelze auf einen höheren Wert, verglichen mit einem gleichen Polymer *ohne* Treibmittel bei gleicher Temperatur. Vielfach verleitet dies dann den Spritzgießer zu der Aussage, dass man ja nun den Prozess bei niedrigeren Temperaturen fahren kann, um so Kühlzeit einzusparen und damit den Zyklus zu verkürzen. Hier sei Vorsicht geboten, betrachtet man den Einfluss der Schmelzetemperatur auf die Schaumstrukturverteilung. Eine Änderung der Schmelzetemperatur wirkt sich auf die Schaummorphologie durch unterschiedliche Schaumzellen über der Bauteildicke aus.

Wie Bild 3.12 anhand eines geschäumten Polycarbonats zeigt, erhält man bei höheren Temperaturen einen erheblich feinzelligeren und homogeneren Schaum als bei niedrigen Polymertemperaturen. Erklären lässt sich das durch eine bessere Nukleierungsphase, die aufgrund des schnelleren Druckabbaus, wegen der bei hohen Temperaturen niedrigeren Viskosität, stattfindet. Bei zu hohen Schmelzetemperaturen tritt hingegen wiederum der negative Effekt einer Koaleszenz der Blasen auf – was es zu verhindern gilt. Daneben hat die Temperatur auch einen Einfluss auf die Randschichtdicke. Bei zu hohen Schmelzetemperaturen kann das Aufschäumen bis in die Randschicht erfolgen und so zu schlechten mechanischen Werten führen.

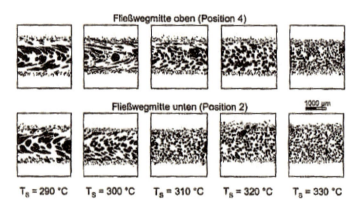

Bild 3.12 Schaumstrukturverteilung von Polycarbonat bei unterschiedlichen Schmelzetemperaturen [Bildquelle: IKV Aachen [1]]

Bei zu niedrigen Temperaturen der Polymerschmelze bilden sich weniger, dafür aber größere Schaumzellen. Teilweise sind diese Zellen in Fließrichtung verstreckt. Die Erklärung erfolgt wiederum über die Viskosität, die in diesem Falle temperaturbedingt ansteigt. Dabei verlangsamt sich das Blasenwachstum und aufgrund eines schnelleren Erstarrens der Schmelze können sich die Zellen während des Füllvorgangs in Fließrichtung verstrecken. Das Positive ist in diesem Fall dann aber wieder eine Randschichtausbildung, bis hin zu einer deutlichen Ausdehnung in Dickenrichtung.

Als *Fazit* kann die Schmelzetemperatur als einer der entscheidenden Einflussfaktoren auf die Morphologie und damit auf die mechanischen Werte des Strukturschaums gesehen werden. Die für die nötigen mechanischen Werte optimale Einstellung der Schmelzetemperatur sollte daher sehr sorgfältig und durch ausreichende Versuchsreihen abgesichert werden. Daneben ist es wichtig, eine Schubschneckengeometrie für die Schaumspritzgießmaschine zu wählen, deren Mischgeometrie für eine sowohl in Radial- als auch in Längsrichtung homogene Temperaturverteilung sorgt. Die Erfahrung zeigt, dass bei Anwendung des TSG die

Temperatureinstellungen nicht wesentlich von denjenigen abweichen, die der Spritzgießer für ein vergleichbares Kompaktspritzgussbauteil verwenden würde.

3.4.2 Einfluss der Einspritzgeschwindigkeit

Wie bereits in Abschnitt 3.2.3 erwähnt, wirkt sich ein möglichst großes Druckgefälle innerhalb kurzer Zeit positiv auf die Keimbildung und Zellstruktur aus. Das bedeutet für den Maschinen- bzw. Werkzeugkonstrukteur ein Design mit absolut kurzen Fließwegen ab der Verschlussdüse der Spritzgießmaschine! Gerade für den Kompaktspritzguss ausgelegte Werkzeuge sind bzgl. dieser Aufgabenstellung nicht immer optimiert, weshalb ein damit produzierter Vergleich zwischen Kompakt- und Schaumspritzguss meist keine guten Resultate liefert.

Generell ist der Einfluss der Einspritzgeschwindigkeit auf die Schaumstruktur ähnlich dem Einfluss der Schmelzetemperatur. Klar ist, dass wir auch mittels geänderter Einspritzgeschwindigkeit die Druckverhältnisse in der Schaumschmelze beeinflussen. Bei höheren Einspritzgeschwindigkeiten erzielt man eine homogenere Blasenstruktur, mit vielen kleinen Zellen. Der Mechanismus von Nukleierung und Zellenwachstum ist hier aufgrund des Druckabbaus vergleichbar dem des Druckabbaus aufgrund von Temperaturänderungen (siehe oben).

Im Unterschied zu einer erhöhten Schmelzetemperatur treten bei höheren Einspritzgeschwindigkeiten jedoch die gewünschten kompakten Randschichten zur Verbesserung der mechanischen Eigenschaften auf. Diese Randschichten lassen sich mit abnehmender Einspritzgeschwindigkeit vergrößern, mit dem Nachteil einer dann inhomogenen Schmelzemorphologie. Auch im Falle des Einflusses der Einspritzgeschwindigkeit lautet daher das Fazit ähnlich dem oben Gesagten: Um die optimalen Parameter zu finden, sind strategisch durchdachte, gut organisierte Testreihen notwendig.

Die erforderlichen Einspritzgeschwindigkeiten zwischen Kompaktspritzguss und Schaumspritzgießen unterscheiden sich. Eine häufige Erfahrung dabei ist jedoch, dass man die mechanischen Werte meist zugunsten der Randschichtdicke optimiert, womit die Beibehaltung der feinzelligen und homogenen Schaumstruktur eher in den Hintergrund tritt (siehe hierzu Bild 3.4). Dies führt dann wieder zurück zu ähnlichen Einspritzgeschwindigkeiten wie beim Kompaktspritzguss. Aber auch erhebliche Unterschiede der Einspritzzeiten sind möglich. So spritzt z. B. ein Kunde eine Lüfterzarge im Schaumspritzguss mit 0,8 Sekunden Einspritzgeschwindigkeit, während man im Kompaktspritzguss hierzu 4 bis 5 Sekunden benötigt.

3.4.3 Einfluss der Werkzeugtemperatur

Die Werkzeugtemperatur bzw. Werkzeugwandtemperatur hat im Vergleich zur Schmelzetemperatur sowie zur Einspritzgeschwindigkeit einen eher geringen Einfluss auf die resultierende Schaumstruktur. Sie hat jedoch einen bedeutenden Einfluss auf die Oberflächengüte des fertig geschäumten Bauteils (siehe hierzu Abschnitt 3.5). Generell stabilisiert und fixiert die temperierte Werkzeugwand das in der Kavität aufschäumende Einphasengemisch.

Eine Erhöhung der Wandtemperatur bewirkt eine Homogenisierung und Zellreduktion in der Schaumstruktur, was daran liegt, dass die Viskosität zeitlich gesehen länger niedrig bleibt. Auf der anderen Seite ist die Kühlzeit bei angemessener Temperatur einzustellen, da sich sonst nachteilige Effekte, wie z. B. Blasenbildung, nach dem Auswerfen einstellen können.

Ein weiterer Effekt bei kühleren Wandtemperaturen führt zu dickeren Randschichten, aber in der Regel auch zu unerwünschten vermehrten Silberschlieren an der Oberfläche der fertigen Bauteile. Als Fazit sollte man daher die optimale Randschicht über eine Variation der Einspritzgeschwindigkeit einstellen.

3.4.4 Einfluss der Unterdosierung bei Teilfüllung der Kavität

Es ist trivial, dass unterschiedliche Füllgrade in der Werkzeugkavität auch unterschiedliche Druckverläufe hervorrufen. Wie im Bild 3.13 dargestellt, zeigt sich aber eine erhebliche Spanne an Werkzeuginnendrücken in Abhängigkeit vom Dosiervolumen, mit dem ja die Dichtereduktion, basierend auf einer untervolumetrischen Füllung, letztendlich eingestellt wird. In dem gezeigten Beispiel eines PP-T20, variieren die Werkzeuginnendrücke je nach Dichtereduktion zwischen 300 bar und 10 bar.

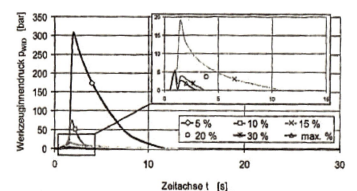

Bild 3.13 Werkzeuginnendruck als Funktion der Dichtereduktion [Bildquelle: IKV Aachen [1]]

Nutzen Sie den Effekt der sich einstellenden niedrigen Werkzeuginnendrücke bei hoher Dichtereduktion für Spritzgießsonderverfahren, wie z. B. dem Dekorhinterspritzen.

3.5 Maßnahmen zur Verbesserung der Oberflächengüte

Die in allen Diskussionen über das Thema Schaumspritzgießen immer wieder diskutierte Frage ist diejenige nach der Qualität der Oberfläche. Auch bei optimal erarbeiteten und produktionssicher eingestellten Maschinenparametern finden sich in den geschäumten Bauteilen fast immer die sogenannten „Silberschlieren" auf der Oberfläche. Bekanntermaßen entstehen diese Schlieren durch ein Abwälzen und Scheren der Schmelzeblasen an der gekühlten Werkzeuginnenwand während des Füllvorgangs (siehe hierzu Bild 3.7). Mit zusätzlichen technologischen Maßnahmen lassen sich jedoch die gewünschten Oberflächengüten erzielen. Auch führen in einigen Fällen Designänderungen der Oberflächen zum Ziel.

Dennoch sollte man sich vorab noch einmal die Erklärung zur Entstehung der Silberschlieren durch den Kopf gehen lassen: Die Schlieren entstehen durch Scheren (also unter Bewegung in Fließrichtung) an einer kalten Oberfläche (an einer „schmelzwarmen" Oberfläche würden die Blasen nicht platzen). Diese saloppe und eher unwissenschaftliche Aussage führt uns zu den Kernpunkten der Verbesserungsmaßnahmen. Im Folgenden müssen wir daher unseren Fokus auf die Kavitätenwände und den Schmelzefluss unter Expansionsbedingungen legen.

3.5.1 Technologien zur Werkzeugtemperierung

In der Regel werden geschäumte Kunststoffteile unterdosiert mit Teilfüllung gefertigt, mit dem Resultat der Silberschlieren. Dieses einfache, kostengünstige Verfahren hat sich für Bauteile durchgesetzt, die im „Nicht-Sichtbereich" eingesetzt werden. In den Kapiteln zu den Anwendungsbeispielen zeigen wir hierzu viele Teile. Zur Verbesserung der Oberflächenqualität legen wir den Fokus nun als erstes auf die *Kavitätenwände*. Wie bereits unter Abschnitt 3.4.3 gesagt, verschlechtert eine generelle Werkzeugtemperaturerhöhung die Schaumstruktur, was sich kontraproduktiv auswirkt.

Eine Wechsel-Temperierung, bei der die Werkzeuginnenwand kurzzeitig aufgeheizt wird, um dann nach dem Einspritzen rasch auf die eigentlich erforderliche

Kühltemperatur abzukühlen, passt in die oben genannte Erklärung zur Verhinderung von Schlierenbildung. Tatsächlich sind solche Wechsel-Temperierungen heute Stand der Technik, wobei unterschiedlichste Systeme angeboten werden. Dabei gilt es zu bedenken, dass solche Verfahren nur dann erfolgreich umgesetzt werden können, wenn sie in Kombination mit einer thermischen Werkzeugoptimierung implementiert sind. Auf die thermische Werkzeugoptimierung wollen wir jedoch an dieser Stelle nicht eingehen, sie wird im Kapitel 5 ausführlich besprochen.

Die Wechsel-Temperierung findet man auch unter den Begriffen „zyklische Werkzeugtemperierung" oder „variotherme Temperierung" wieder. Es geht in allen Fällen immer um eine zyklische kurze Aufheizung der Werkzeugwandtemperatur, bevor die Kühlung eintritt. Dieses dann Schuss für Schuss bei der jeweiligen Spritzgießmaschine.

Im Bild 3.14 ist anschaulich die Arbeitsweise einer variothermen Temperierung dargestellt. Basierend auf einem solchen Temperierprinzip, das die Werkzeugwandtemperatur kurzzeitig zum Zeitpunkt des Einspritzens auf eine hohe Temperatur aufgeheizt hat, ist der Silberschlieneneffekt unterdrückt, da wir beim Füllvorgang auch an der Werkzeugwand über der Glasübergangstemperatur liegen. Nach dem Füllvorgang kommt die Fließfront zur Ruhe, und der Kühlvorgang beginnt. Es bildet sich eine Randschicht ohne Schlieren.

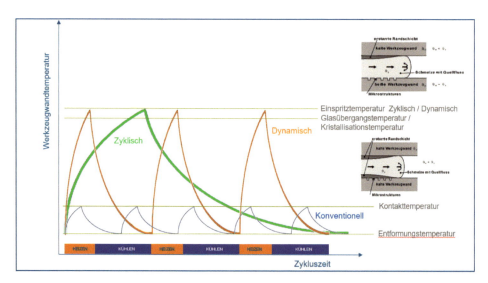

Bild 3.14 Schematische Darstellung einer Wechsel-Temperierung
[Bildquelle: technotrans solutions GmbH]

Bild 3.15 zeigt in eindrucksvoller Weise das Resultat einer Hochglanzfläche aufgrund von zyklischer Temperierung. Die dynamischen Temperierverfahren gewinnen zunehmend an Bedeutung, wobei jeder Anwender darauf achten sollte, dass der technische Aufwand und der wirtschaftliche Nutzen im Einklang stehen. Die Verfahren werden in externe Verfahren sowie interne Verfahren systematisch aufgeteilt. Dabei steht das „Extern" für die außerhalb des Werkzeugs in einem Temperiergerät zur Verfügung gestellte Energie, das „Intern" für die im Werkzeug direkt erzeugte Energie.

Bild 3.15 Hochglanzoberfläche variotherm beheizt, im Vergleich zur konventionell beheizten Oberfläche [Bildquelle: Hofmann Innovation Group]

Im Bild 3.16 ist ein Beispiel für eine interne dynamische Temperierung gezeigt. Die zyklische Aufheizung der Werkzeugwand geschieht mittels Induktion, wobei der Induktor konturnah und effektiv der Kavitätengeometrie folgt. Ein weiteres Beispiel zur externen dynamischen Temperierung ist in Bild 3.17 dargestellt. Auch in diesem Falle handelt es sich um eine konturnahe Temperierung, allerdings komplett basierend auf einem flüssigen Medium, das extern temperiert wird. Das fertige Bauteil ist dem Bereich Haushaltswaren zuzuordnen. Es handelt sich um eine hochglänzende Waschmaschinenblende der Firma Miele & Cie. KG, gefertigt auf einer Schaumspritzgießanlage der KraussMaffei Technologies GmbH.

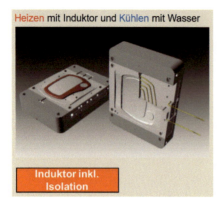

Bild 3.16
Interne dynamische Temperierung [Bildquelle: Kunststoff-Institut Lüdenscheid K. I. M. W.]

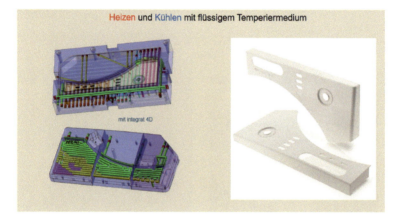

Bild 3.17 Externe dynamische Temperierung [Bildquelle: technotrans solutions GmbH und Krauss Maffei Technologies GmbH]

Aufgrund der Vielfallt von eingesetzter Technologie bei den existierenden Wechsel-Temperierungen möchten wir abschließend eine Übersicht zeigen, aus der die wichtigsten Eigenschaften bezüglich der Technik und Wirtschaftlichkeit hervorgehen. Je blauer die Anzeigefelder in dieser Übersicht angezeigt werden, umso größer ist die Wirkung bzw. der Einfluss auf die Werkzeugkonstruktion.

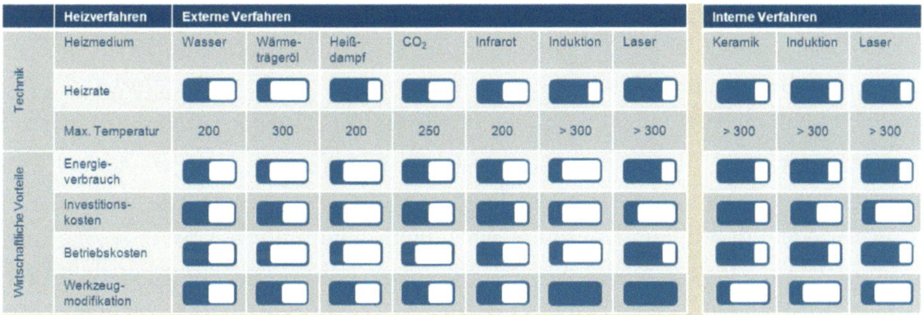

	Heizverfahren	Externe Verfahren							Interne Verfahren		
	Heizmedium	Wasser	Wärme-trägeröl	Heiß-dampf	CO_2	Infrarot	Induktion	Laser	Keramik	Induktion	Laser
Technik	Heizrate	◨	◨	◨	◧	◨	◧	◧	◧	◧	◧
	Max. Temperatur	200	300	200	250	200	> 300	> 300	> 300	> 300	> 300
Wirtschaftliche Vorteile	Energie-verbrauch	◨	◨	◨	◨	◨	◧	◧	◧	◧	◧
	Investitions-kosten	◨	◨	◨	◨	◨	◨	◧	◧	◧	◧
	Betriebskosten	◨	◨	◨	◨	◨	◨	◧	◧	◧	◧
	Werkzeug-modifikation	◨	◨	◨	◨	◨	◧	◧	◧	◧	◧

Bild 3.18 Vergleich dynamischer Temperierverfahren [Bildquelle: technotrans solutions GmbH]

3.5.2 Werkzeugkonzepte

Wir kommen zurück auf unsere Erklärung zur Vermeidung von Schlieren auf der Bauteiloberfläche. Noch einmal kurz gesagt, ging es darum, Scherung in Fließrichtung zu vermeiden, und dies an „kalten Werkzeugwänden". Unter Beachtung dieser Randbedingung ist der Weg zu einem sogenannten Gasgegendruck-Verfahren nicht weit: In einem abgedichteten Werkzeug wird die Kavität vor dem Einspritzen mit z. B. Stickstoff gefüllt. Beim Einspritzvorgang wird das Aufschäumen an der Fließfront unterbunden, sofern der Gasdruck der Stickstoff-Füllung über dem Sättigungsdruck eingestellt wurde. Entsprechend dem Fortgang der Fließfront muss der Gasgegendruck nun geregelt abgebaut werden. Regelungstechnisch sind hier zusätzliche Prozessschritte zu implementieren, und das Werkzeug ist gasdicht zu designen. Ein zur Schlierenvermeidung zwar zielführendes, aber auch sehr aufwendiges Verfahren.

Eine weitere Möglichkeit besteht in der Verwendung eines „atmenden Werkzeugs". Dabei geht es darum, ein Werkzeug mit Tauchkanten zu konstruieren, sodass nach der Füllung der Kavität mit dem Polymer-Treibfluid-Einphasengemisch die Expansion zur Schaumbildung mit einer gesteuerten Öffnungsbewegung des Werkzeugs kontrolliert gestartet werden kann. Diese Bewegung der beiden Werkzeughälften ist nicht mit der Öffnungsbewegung, die nur zum Auswerfen des Bauteils nötig ist, gleichzusetzen.

Es wird also in das geschlossene Werkzeug bis zur Füllung eingespritzt, ähnlich wie beim Kompaktspritzguss. Anstelle des für den Kompaktspritzguss folgenden Nachdrucks wird nach dem Füllvorgang nun das Werkzeug so weit geöffnet, wie es die endgültige Bauteilwanddicke erfordert. Dabei sorgen die Tauchkanten gleichzeitig dafür, dass die Expansion in der Kavität gezielt steuerbar bleibt. So lassen sich über unterschiedliche Hübe auch unterschiedliche Schaumdichten einstellen.

Mit einem auf diese Art und Weise gefertigten Schaumbauteil lassen sich daher sowohl die Randschichten als auch die innere Schaumstruktur gezielt beeinflussen. Zusätzlich ergibt sich eine fast schlierenfreie Oberfläche, da während der Expansion keine Scherung mehr zur Kavitätenwand stattfindet.

Im Gegensatz zum üblichen Verfahren der Teilfüllung eines Werkzeugs zur Produktion von geschäumten Bauteilen, bei dem in der Regel die Oberfläche Schlieren aufweist, können mit den genannten Konzepten schlierenfreie bzw. nahezu schlierenfreie Oberflächen gefertigt werden. Die Wirtschaftlichkeit einer Fertigung mit diesen Werkzeugen ist jedoch immer wieder vorab zu prüfen und ist nicht oft gegeben.

3.5.3 Oberflächenbeschichtungen der Kavitäten

In Abschnitt 3.5.1 und Abschnitt 3.5.2 beschäftigten wir uns mit der dynamischen Temperierung zur kurzzeitigen Erhöhung der Werkzeugwand über die Glasübergangstemperatur sowie mit atmenden Werkzeugen. Beide Entwicklungen basierten auf der Idee, die Scherung in Fließrichtung zu verhindern bzw. zu minimieren, um die Schlierenbildung zu eliminieren. Beide Technologien sind zielführend aus Sicht der Technik, aber die *Wirtschaftlichkeit* ist in den meisten Anwendungen infrage zu stellen.

Es ist bekannt, bestimmte Beschichtungen zur Veredelung von besonders beanspruchten Oberflächen einzusetzen. Jeder kennt z. B. die Titan-Nitrit-Beschichtungen zur Verbesserung des Abrasionsverhaltens und Verminderung von Ablagerungen auf Schnecken. Könnte eine Beschichtung der Werkzeugwand, ähnlich wirkend wie eine dynamische Temperierung, die Lösung sein? Die Firma Eschmann Textures International GmbH stellt eine dafür geeignete keramikbasierte Beschichtung her. Die „Cera-Shibo" genannte hitzebeständige Beschichtung wird direkt auf die Werkzeugoberfläche aufgebracht und lässt sich mit glatten, aber auch individuellen Oberflächenstrukturen versehen. Die Beschichtung lässt sich rückstandsfrei entfernen und kann ohne Änderungen am Werkzeug wieder aufgebracht werden.

Bild 3.19 zeigt einen Werkzeugkoffer, der mit einem mit Cera-Shibo beschichteten Werkzeug geschäumt wurde. Deutlich lassen sich die unterschiedlich strukturierten Oberflächen erkennen, aber auch der spritzblanke Schriftzug.

Bild 3.19 Werkzeugkoffer mit strukturierter und blanker Oberfläche
[Bildquelle: Yizumi Machinery Ltd., China und GK Concept GmbH]

Dies lässt uns zu einer weiteren Möglichkeit kommen, um Schlieren zu vermeiden. Ohne dynamische Temperierung, aber mit möglichst hohen Werkzeugwandtemperaturen, lassen sich für bestimmte Oberflächenstrukturen – z. B. genarbte lederähnliche Strukturen – schlierenfreie Bauteile schäumen. Hierbei ist jedoch Fachwissen gefragt. Nicht alle Polymermaterialien sind für eine solche Technologie geeignet, ebenso wenig wie alle vorstellbaren Strukturen an Werkzeugoberflächen.

3.5.4 Sandwich Schaumspritzgießen

Last but not least möchten wir beim Thema schlierenfreie Oberfläche kurz den Sandwich-Schaumspritzguss erwähnen. Das Verfahren selbst ist aus dem Kompaktspritzgießen als 2K-Prozess bekannt. In diesem Falle geht es nun darum, die Kernschicht als geschäumte Schicht auszuführen, idealerweise mit nur geringen Randschichtdicken. Die Deckschicht wird dann im 2K-Verfahren als Hautmaterial gespritzt, mit perfekter Oberfläche.

Dieses Verfahren erfordert keine konturnahe Temperierung, und der Materialvielfalt für die Deckschicht sind kaum Grenzen gesetzt.

Literatur

[1] Cramer, A.: Analyse und Optimierung der Bauteileigenschaften beim Thermoplast-Schaumspritzgießen. Dissertation IKV Aachen, 2008, S. 8

[2] Eckhardt, H.: Einfluss des Treibmittels auf die Eigenschaften von Thermoplast-Strukturschaum-Formteilen. *Kunststoffe*, (1978) 68 (1), S. 35–39

[3] AiF – Vorh. – Nr. 15010N: Charakterisierung spritzgegossener thermoplastischer Schäume. IKV Aachen, 2009

[4] Wu, J.-W.; Sung, W.-F.; Chu, H.-S.: Thermal conductivity in polyurethane foams. *Int. Journal of Heat and Mass Transfer*, (1999) 42, S. 2211–2217

[5] Menges, G.: Werkstoffkunde Kunststoffe. München, New York: Carl Hanser Verlag, 1990

[6] Altstädt, V., Mantey, A.: Thermoplast-Schaumspritzgießen. München: Carl Hanser Verlag, 2011

[7] Pretel, G. U.: Fließverhalten treibmittelbeladener Polymerschmelzen, Dissertation IKV Aachen, 2005

[8] Saunders, J. H.: Handbook of Polymeric Foams and Foam Technology. New York: Hanser, 1991, Kapitel II, S. 5–15.

[9] Sastre, L. F. F.: Einfluss der Schaummorphologie auf die mechanischen Eigenschaften von Kunststoffstrukturschäumen, Dissertation IKV Aachen, 2010

4 Konstruktionsrichtlinien für geschäumte Bauteile

Dieser Designleitfaden gibt einen Überblick über das physikalische Schaumspritzgießen und diskutiert die Unterschiede zum traditionellen Spritzgussverfahren. Die folgenden Ausführungen beziehen sich oft auf das MuCell®-Verfahren, da dieses Verfahren weltweit am häufigsten angewandt wird und daher der Erfahrungsschatz bereits enorm ist. Die Auswirkungen der Unterschiede von Kompaktspritzguss und Schaumspritzguss auf das Teile- und Werkzeugdesign werden anschließend diskutiert.

■ 4.1 Gewichtsreduktion durch Schäumen

Der reduzierte Materialeinsatz ist einer der wichtigsten Produktvorteile bei der Anwendung des Schäumprozesses auf ein Kunststoffteil. Dies kann auf zwei verschiedene Arten erreicht werden: Zum einen durch die Dichteabnahme und die damit einhergehende Reduzierung des Gewichts, und zum anderen durch eine geänderte Konstruktion.

Die Verringerung der Dichte ist das Ergebnis der Erzeugung einer Zellstruktur im Bauteil und wird indirekt gemessen, indem das Gewicht eines kompakten Bauteils mit einem geschäumten verglichen wird. Dies ist eine indirekte Messung, da einige Material- und Designkombinationen Einfallstellen oder Lunker aufweisen, wenn sie kompakt gespritzt werden. Ein Bauteil mit Einfallstellen hat ein geringeres Volumen als ein mit einem Schaumverfahren hergestelltes Teil. Bei größeren Teilen oder dünneren Wanddicken von weniger als 2 mm besteht ein sehr geringer Unterschied zwischen der prozentualen Änderung des Teilgewichts und der prozentualen Änderung der Teiledichte. In dickeren Teilen und bei starker Schwindung von Materialien, wie ungefüllten teilkristallinen Materialien, kann die Änderung der Dichteabnahme um zusätzliche 2 bis 5 % höher sein, als die Gewichtsabnahme.

Bei der Bewertung eines Teils zur Gewichtsreduzierung durch Dichteverminderung gibt es vier Hauptmerkmale:

- Verhältnis von Länge zur Dicke (Fließweg-Wanddicken-Verhältnis)
- Balancierung des Füllbilds
- gute Entlüftung
- dünne Bereiche am Ende des Fließwegs

Das Fließweg-Wanddicken-Verhältnis ist ein einfacher Vergleich der Länge vom Anguss zum Fließwegende, dividiert durch die Wanddicke. Mit zunehmender Größe nimmt die Menge an Schaum, die erreicht werden kann, ab. Der Grund dafür ist, dass das Material nicht natürlich in eine Form fließt, sondern es muss unter Druck in die Kavität eingebracht werden. Wenn der Druckbetrag, der erforderlich ist, um das Material an das Fließwegende zu drücken, ansteigt, steigt der Druck des Polymers in der Form an, wodurch die Zellstruktur komprimiert wird. Die Auswirkung dieses Verhältnisses ist in Bild 4.1 dargestellt.

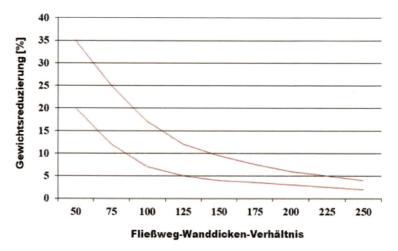

Bild 4.1 Gewichtsreduzierung abhängig vom Fließweg-Wanddicken-Verhältnis
[Bildquelle: Trexel GmbH]

Der Fließfaktor bestimmt also die maximal mögliche Gewichtsreduzierung – abhängig von der Wanddicke, dem Material und dem Anspritzpunkt. Die obere Linie zeigt einen typischen Verlauf bei einem niedrig viskosen Material, wie z. B. einem Polyamid, und die untere Linie den von einem hoch viskosen Material, wie z. B. einem gefüllten Polycarbonat.

Auch die Position des *Anspritzpunktes* hat hierauf Einfluss. Wenn man ein Bauteil von einem Ende aus anspritzen und über die gesamte Länge füllen will, wird das Gesamtgewicht des Teils höher als beim mittigen Anspritzen des Teils. Durch das

Anspritzen in der Mitte wird die Fließweglänge halbiert, sodass das Fließweg-Wanddicken-Verhältnis um die Hälfte reduziert wird.

Ein anderer Effekt ist, dass sich die *Abkühlgeschwindigkeit* des Polymers in der Nähe der Formoberfläche nicht mit der Wanddicke ändert. Daher ist die Dicke der kompakten, ungeschäumten Randschicht relativ konstant – unabhängig von der Wanddicke des Teils. Bei geringerer Wanddicke der Teile nimmt die Dicke des Schaumkerns ab, was zu einer insgesamt höheren Dichte am Bauteil führt.

Die *Balancierung* beim Einspritzen ist aufgrund der zuvor erwähnten komprimierbaren Natur des geschmolzenen geschäumten Polymers in der Form wichtig. Beim Füllen eines nicht ausbalancierten Mehrfachwerkzeugs mit Kompaktspritzguss wird das Material beim Füllen der Kavität in die nicht ausgefüllten Kavitäten geleitet. Nach dem Füllen und Aufbringen des Nachdrucks haben alle Kavitäten im Wesentlichen das gleiche Gewicht, jedoch sehr unterschiedliche Spannungen, die zu unterschiedlichen Abmessungen führen können. Das Gewicht der Bauteile unterscheidet sich jedoch nicht. Dies ist beim mikrozellularen Spritzguss anders. Wie bereits erwähnt, ist gasbeladenes geschäumtes Polymer komprimierbar. Wenn ein Werkzeug mit mehreren Kavitäten betrieben wird, kann es sein, dass die Schmelze voreilt, das heißt, einige sind volumetrisch gefüllt, jedoch mit einer Verringerung der Dichte, und andere sind noch nicht voll. Wenn der Einspritzvorgang fortgesetzt wird, um den Vorgang zu vollenden, wird in die ungefüllten Kavitäten weiterhin Material hinzugefügt, gleichzeitig fließt jedoch zusätzliches Material in die bereits volumetrisch gefüllten Kavitäten, wodurch die (bereits ausgebildete) Zellstruktur komprimiert, bzw. die Ausbildung von Zellen behindert wird. Sobald das Einspritzen abgeschlossen ist, sind alle Kavitäten mit unterschiedlicher Materialmenge gefüllt, und ergeben so unterschiedliche Gewichte. Die Dichte und somit Gewichtsabweichung hängt vom fehlenden Gleichgewicht zwischen den Kavitäten ab.

Auf das Thema Anspritzung und Balancierung des Werkzeugs wird später noch ausführlicher eingegangen. Hier ist zu beachten, dass eine mangelhafte Balancierung die Gesamtabnahme der Dichte negativ beeinflusst.

Wie bei der Füllbalancierung bezieht sich das *Entlüften* auf die komprimierbare Natur des geschmolzenen geschäumten Polymers. Die maximale Verringerung der Dichte wird erreicht, wenn die Expansion des Schaums nicht oder nur wenig eingeschränkt ist. Wenn das Verhältnis von Fließlänge zu Dicke z. B. 1 ist, handelt es sich im Wesentlichen um ein quadratisches Teil, das genauso dick wie lang ist. Es gibt keine Einschränkung der Expansion. Durch unzureichendes Entlüften, oder insbesondere durch das gänzliche Fehlen einer Entlüftung, entsteht ein Lufteinschluss, der die Zellausdehnung einschränkt. Wie beim Kompaktspritzguss zu sehen ist, ist es schwierig und manchmal unmöglich, ein Bauteil mit einem Lufteinschluss zu füllen. Durch Anlegen eines erhöhten Nachdrucks kann das Gas komprimiert werden, aber letztendlich kann der Lufteinschluss nicht beseitigt werden, wenn die Luft nicht in die Atmosphäre entweichen kann. Durch Anwendung der Prinzipien des mikrozellularen Schäumens wird, wenn der Druck auf das Polymer erhöht wird, um den Lufteinschluss zu komprimieren, die Zellstruktur zuerst komprimiert, bis der Druck durch das Material zur Fließfront übertragen werden kann. Unter solchen Bedingungen kann ein Lufteinschluss in einem Teil dazu führen, dass keine oder nur eine geringe Dichtereduzierung um 2 % bis 3 % erreicht wird.

Der letzte Punkt bezieht sich auf *dünne Wandungen am Ende des Fließwegs*. Beim Schaumspritzgießen ist ein dünner Abschnitt ein Bereich, der dünner als 75 % der nominalen Wanddicken ist. Wenn sich diese Abschnitte am Ende des Fließwegs befinden, wird eine Einschränkung des Schäumvorgangs geschaffen, ähnlich einem Lufteinschluss. Um das Material in diese dünnen Abschnitte zu pressen, muss der Druck auf das Material erhöht werden, was zu einer Kompression der Schaumstruktur führt. In einigen Fällen können diese Merkmale zu einer Fließverzögerung führen, bis die verbleibende Kavität voll ist. Bevor die Kavität vollkommen gefüllt ist, kann die Fließfront „einfrieren", wodurch es unmöglich wird, den dünnen Abschnitt zu füllen.

Es sei darauf hingewiesen, dass alle diese genannten Faktoren identifiziert und optimiert werden müssen, um das größte Prozessfenster und das größte Potenzial für die Dichteminderung zu erreichen.

■ 4.2 Grundlegende Designoptimierung

Wie bereits erwähnt, besteht das Konzept der grundlegenden Form- und Teilekonstruktion darin, Einschränkungen bei der Expansion des Polymers zu beseitigen und optimale Kühlbedingungen zu schaffen.

Wenn man den Weg des Schaumspritzgießens in Erwägung zieht, dann ist es wichtig, frühzeitig den Katalog alternativer Möglichkeiten zu betrachten. Wenn man sich einen Vergleich zur althergebrachten Werkzeugauslegung vor Augen führt, dann ergeben sich folgende Fragen bzw. Überlegungen:

- Aufwendige Werkzeuge und Spritzgießmaschinen – ist das nötig?
- Wenn eine sehr große Steifigkeit von Bauteilen erreicht werden soll, kann der Einsatz von sogenannten „atmenden Werkzeugen" in Betracht gezogen werden. – Braucht man das?
- Die Temperierung der Werkzeuge sollte optimiert werden. – Auf jeden Fall!

Wir wollen mit der folgenden Grafik die Einflüsse des Schäumprozesses auf die Bauteilkonstruktion beim Schäumen darstellen. Einerseits gibt es Einflüsse **AUF** die Bauteilkonstruktion, andererseits ergeben sich Einflüsse **DURCH** die Bauteilkonstruktion.

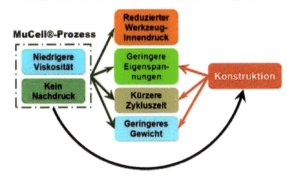

Bild 4.2
Einflüsse durch den Prozess sowie durch die Konstruktion
[Bildquelle: Trexel GmbH]

■ 4.3 Wanddicke

Es gibt zwei Anmerkungen hinsichtlich der Wanddicke. Erstens können diese engen Abschnitte im Werkzeug, insbesondere am Fließwegende, das Ausbilden einer Schaumstruktur beeinträchtigen: Entweder, weil das Material einfriert, bevor es sich in diesen Abschnitten ausdehnen kann, oder aber es kommt zu einer Fließverzögerung, die einen Rückstau verursacht (und damit einen höheren Druck, der das Ausbilden von Schaum behindert). Der zweite Aspekt ist die Zykluszeit, die bei größeren Wanddicken unverhältnismäßig lang werden kann, wie im Abschnitt über das Design der Bauteilrückseiten beschrieben. Hier ist auf adäquate Temperierung zu achten.

Im Allgemeinen sollte das Teildesign eine Wanddicke im Bereich von 75 % bis 125 % der nominalen Wanddicke haben. Es wird allerdings Fälle geben, in denen eine Bauteilfunktion etwas außerhalb dieses Bereichs liegen muss. Wenn ein Bauteil solche Abschnitte enthält, sollten diese zumindest dahingehend überprüft werden, ob die auftretenden Einschränkungen nicht zu umgehend sind. Wanddicken über 125 % stellen keine Beschränkung des Schäumgrades dar, sondern eine Beschränkung der Zykluszeit. Wie zuvor erwähnt, ist es mit zunehmender Wanddicke des Teils erforderlich, eine dickere erstarrte Randschicht am Bauteil zu erreichen, bevor das Werkzeug öffnet, um ein Nachblähen (post blow) zu verhindern. Mit anderen Worten muss das Bauteil so weit abgekühlt sein, dass das Material der Hautschicht dem noch bestehenden inneren Gasdruck widerstehen kann.

Ein Querschnitt von mehr als 125 % der Nennwanddicke führt zu einer längeren Abkühlzeit. Der Zyklus kann immer noch kürzer sein als im Kompaktspritzguss, ist jedoch nicht optimal. Wenn ein solches Teiledesign notwendig ist, sollte daher überprüft werden, ob dieser Bereich ausgekernt werden kann, oder eine andere Verstärkung möglich ist (z. B. Rippendesign).

Abschnitte unter 75 % stellen Einschränkungen für den Materialfluss dar. Wenn ein Teil eine Wanddicke von weniger als 75 % des Nennwerts hat, sollte die Erhöhung der Wanddicke überprüft werden. Wenn dies nicht realisierbar ist, kann die Wirkung des dünnen Abschnitts verbessert werden, indem der Anspritzpunkt in der Nähe des dünnen Abschnitts liegt, und Material zuerst durch diesen Bereich fließt.

Der bevorzugte Wanddickenbereich hängt dabei immer vom Material ab. Der bevorzugte Bereich in Abhängigkeit vom Polymer wird in Tabelle 4.1 gezeigt.

Tabelle 4.1 Bevorzugter Wanddickenbereich [Quelle: Trexel GmbH]

Materialtyp	Minimale bevorzugte Wanddicke	Maximale bevorzugte Wanddicke
PP ungefüllt	1 mm	2 mm
PP T20/40	1.5 mm	2.5 mm
PP GF Kurzglasfasern	2.0 mm	3.0 mm
PP GF Langglasfasern	2.25 mm	3.5 mm
PC/ABS – PC	1.5 mm	2.5 mm
PA GF	2.0 mm	3.5 mm

Die Empfehlungen in dieser Tabelle beziehen sich auf technische Teile. Dünnwandige Verpackungsanwendungen mit nominalen Wanddicken von nur 0,3 mm wurden mit Kunststoffen mit hohem MFI-Wert ausgeführt. Es gibt auch einzigartige Designs, die physikalisches Schäumen mit Umkehrprägung oder Gegendruck kombinieren, die außerhalb dieser Empfehlungen liegen.

Wie angegeben, sind dies die bevorzugten Wanddicken. Teile, deren Wanddicke unter dem Mindestwert liegt, haben eine begrenzte Dichteabnahme von weniger als 5 %, sie profitieren jedoch immer noch von einer reduzierten Schließkraft und der Fähigkeit, dicke Abschnitte am Ende des Füllweges zu füllen. Bei Teilen mit Wanddicken über dem maximalen Vorzugswert wird eine Erhöhung der Zykluszeit zur Verhinderung des Nachblähens (post blow) auftreten.

4.4 Ausblick zur Bauteilgestaltung

Nahezu alle Spritzgussteile weisen Konstruktionsmerkmale auf der Bauteilrückseite auf. Dies können Rippen, Schraubdome, Verstärkungen oder andere Merkmale sein, die Befestigungsstellen, Festigkeit und/oder andere Vorteile bieten. Es gibt für kompakte Bauteile allgemeine Regeln für die Wanddicken dieser Elemente in Abhängigkeit von der nominalen Wanddicke. Für ein amorphes Material kann dies bis zu 70 % der nominalen Wanddicke betragen. In Bereichen, in denen Einfallstellen kritisch erscheinen, jedoch nur 60 %. Bei teilkristallinen Materialien sind dies bis zu 60 %, der nominalen Wanddicke, typischerweise 50 %. Die Verwendung von Füllstoffen kann dies positiv verändern. Größere Wanddicken für Gestaltungselemente führen im Kompaktspritzguss zu Einfallstellen und Vakuumstellen. Das Hinzufügen von dekorativen Folien und Filmen oder der Einsatz von variothermen Technologien kann diese Verhältnisse weiter verändern.

Bei der Verwendung des physikalischen Schäumverfahrens erzeugt die Gasexpansion die Ausformung und den Nachdruck und damit die Möglichkeit, ein größeres Wanddickenverhältnis der Gestaltungselemente zur nominalen Wanddicke zu realisieren. In vielen Fällen kann dies 100 % der nominalen Wanddicke sein. Bei der Konstruktion von Gestaltungselementen für den Schäumprozess bezieht sich die Betrachtung auf die Fließrichtung und die Fähigkeit des Materials, sich leicht in die Gestaltungselemente, wie z. B. Rippen, auszudehnen. Darauf basierend gibt es zwei Überlegungen.

Erstens die absolute Dicke der Funktionsbereiche: Wie bereits erwähnt, werden dünne Bereiche am Ende der Füllung zu einem Hindernis für die Materialausdehnung. Daher wird empfohlen, dass ein rückseitiges Element an der dünnsten Stelle nicht weniger als 1,2 mm beträgt, 1,5 mm werden bevorzugt. Dadurch kann das Material vor dem Einfrieren weiter aufschäumen. Darüber hinaus ist es noch besser, im Bereich von 80 % bis 100 % der nominalen Wanddicke zu liegen, da dies dem Material die beste Expansionsmöglichkeit bietet.

Zweitens sind die Fließfronten näher zu betrachten. Das Material fließt leichter in eine Rippe oder Wandung, die parallel zum Fließweg des Polymers ist. Dafür gibt es wiederum zwei Gründe.

Der erste ist, dass das Material die Rippe auffüllt, wenn es sich in Fließrichtung fortsetzt. Wenn die Rippe senkrecht zum Fließweg ist, kann es vorkommen, dass das Material in Fließrichtung über die Rippe hinwegfließt, bis das Material einen Abstand erreicht, der einen ausreichenden Druck hinter der Schmelzfront bewirkt, um ein Füllen in die Rippe zu beginnen. Dies ist ein Effekt, bei dem sich Kunststoff (wie alle Flüssigkeiten) in Richtung des geringsten Widerstands bewegt.

Der zweite Aspekt bei senkrechten Rippen ist das Entlüften. Wenn die Rippe parallel zur Strömung liegt, wird die Luft vor der Strömungsfront hergeschoben und entweicht letztendlich vom Ende der Rippe. Wenn die Strömung senkrecht zu einer Rippe verläuft, kann das Gas nur schwer aus der Rippe austreten, da das Material, das sich bereits in der Nennwand befindet, ein Entlüften in dieser Richtung verhindert und eine Situation entsteht, in der alles Entlüften durch die Oberseite der Rippe erfolgen muss.

Um diese Situation zu verbessern, sollten alle Rippen an der Basis einen Radius von mindestens 0,5 mm haben. Wenn ein größerer Radius für die Funktion des Teils akzeptabel ist, ist ein Radius von 1,0 mm besser. Alle senkrechten Rippen sollten am oberen Rand der Rippe entlüftet sein, entweder durch Spalte zwischen Formeinsätzen oder durch Flachauswerfer.

Rippen und Stege mit mehr als 100 % der nominalen Wanddicke können zu einer Zykluszeitverlängerung führen. Bei Verwendung des MuCell®-Prozesses wird die Zykluszeit normalerweise durch Nachblähen (post blow) begrenzt. Ein Nachblähen tritt auf, wenn die Festigkeit der bereits erstarrten Außenhaut nicht ausreichend ist, um dem Innendruck in den Zellen zum Zeitpunkt des Entformens zu widerstehen. **Mit zunehmender Wanddicke ist dieser Innendruck größer**. Daher sollten alle Anstrengungen unternommen werden, um dicke Bereiche durch Kernbohrungen oder mehrere kleinere Rippen zu ersetzen.

Befestigungselemente sind tendenziell komplizierter als Verstärkungselemente, da diese mit ausreichend Wandmaterial ausgelegt werden müssen, um eine akzeptable Festigkeit zu schaffen, gleichzeitig aber mit dem Ziel, nicht relevante Wanddicken zu reduzieren. Beim Konstruieren von Schraubdomen sollte der Kernstift bis an die Grundwanddicke, oder sogar darüber hinaus, verlängert werden, sodass sich keine Wanddickenanhäufung ergibt. Bevorzugt wird ein Kernstift, der sich in die Grundwanddicke erstreckt, sodass die Dicke unterhalb des Schraubdoms 75 % bis 80 % der Grundwanddicke beträgt. Zu lange Kernstifte können zu Füllproblemen oder Bindelinien führen, sobald die Dicke des Materials unter dem Stift weniger als 75 % der nominalen Wanddicke beträgt.

In Bild 4.3 ist an einem Beispiel aus der Praxis die konsequente Umsetzung der eben genannten konstruktiven Möglichkeiten dargestellt.

Abdeckung Türgriff

⇨ Gewichtseinsparung durch geringere Wanddicke
⇨ 1:1 Wand zu Rippe Verhältnis ohne Einfallstellen
⇨ Schraubdome direkt am Teil (keine Schieber)
⇨ Folienhinterspritzen mit geringerem Werkzeuginnendruck (keine Auswaschungen)
⇨ Einsparung am Werkzeug (Kosten & Herstellzeit)
⇨ Kürzere Zykluszeit
⇨ Geringerer Ausschuss und weniger Verzug

Bild 4.3 Konstruktion Abdeckung Türgriff [Bildquelle: Trexel GmbH]

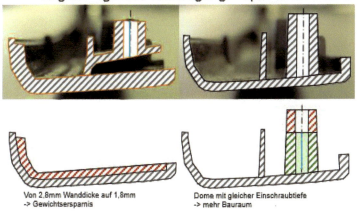

Bild 4.4 Optimale Umsetzung der Konstruktion [Bildquelle: Trexel GmbH]

Bild 4.5 MuCell® mit nur einem Anspritzpunkt und umlaufendem Steg [Bildquelle: Trexel GmbH]

Die grundsätzliche Konstruktionsempfehlung für einen Schraubdom ist im Bild 4.6 dargestellt.

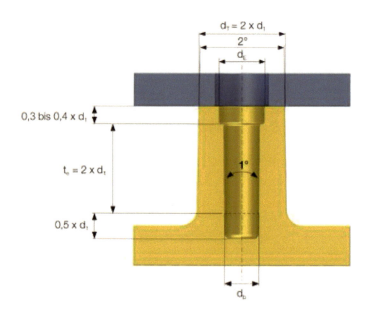

Lochdurchmesser (d_h) = 0,8 x d_1 ± 0,05 mm
Einschraubtiefe (t_e) = 2 x d_1

Bei Hochleistungs- bzw. technischen Thermoplasten kann der Lochdurchmesser bis zu d_h = 0,88 x d_1 vergrößert werden. Die Entformschräge im Kernloch sollte so gering wie möglich gehalten werden, maximal jedoch 1°.

Bild 4.6 Schraubdom Konstruktionsempfehlung der Fa. Ejot [Bildquelle: Ejot SE & Co. KG]

Im Bild 4.7 wird nun beispielhaft das vorteilhafte Layout eines Schraubdomes gezeigt. Die rechte Seite zeigt hierbei die TSG-gerechte Konstruktion.

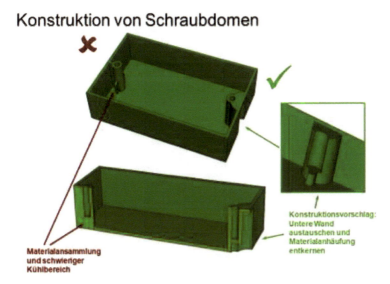

Bild 4.7 Schraubdom-Design [Bildquelle: Trexel GmbH]

Die Gesamtkonstruktion ist dann ausgewogen, wenn eine gute mechanische Festigkeit erreicht wird. Übermäßig dicke Bereiche sind zu vermeiden, da sie die Zykluszeit erhöhen. Es sollte auch beachtet werden, dass die Verwendung eines Kernstifts, der für ein kompaktes Teil ausgelegt ist, zu einer Erhöhung des Gewindeeingriffs an der Schraube führen kann, was wiederum die zulässige Last erhöhen kann.

Beim Kompakt-Spritzgießen tritt an der Innenseite des Schraubdomes um den Kernstift Schwindung auf, da dieser tendenziell heißer ist als die Form, was zu einer höheren Schwindung führt. Dadurch entsteht eine „Fassform" oder Balligkeit im Schraubdom. Da der Schaumspritzgießprozess die Einfallstellen beseitigt, ist der Innendurchmesser des Kerns eben und etwas kleiner im Durchmesser. Dadurch liegt das Gewinde besser an und es kommt dadurch zu einer höheren Belastung der Kunststoffschraube.

Durch neu entwickelte Gewindeformen – speziell für geschäumte Dome – lassen sich höhere Festigkeiten und geringere Relaxation gegenüber traditionellen, selbstfurchenden Schrauben erzielen. Diese Schrauben sind so konstruiert, dass die kompakte Randschicht nicht durchtrennt, sondern lediglich „ausgebeult" wird. Der Begriff „Gewinde prägend" trifft wohl am ehesten zu, um dieses Phänomen zu beschreiben. Darüber hinaus sorgt eine speziell ausgeformte Spitze dafür, dass diese in das Kunststoffmaterial am Sacklochgrund eindringt, und dadurch eine weitere Erhöhung der Drehmomente erreicht werden kann (siehe dazu Bild 4.8).

Bild 4.8 Beispiel Schraubdom (links), Beispiele für mögliche Tubusvarianten mit Rippen, runder und ovaler Außendurchmesser (rechts oben und unten) [Bildquelle: Ejot SE & Co. KG]

■ 4.5 Hinweise zur Werkzeugkonstruktion

4.5.1 Empfehlungen zur Entlüftung

In der Kavität eingeschlossene Luft wird beim Einspritzen komprimiert und erzeugt einen Druckanstieg. Dieser kann die Expansion des Kunststoffschaumes verhindern und zu Fehlstellen führen, sofern die Kavität nicht ausreichend entlüftet wird. Dieser Effekt wird beim Schäumen durch schnelles Einspritzen und bereits ausgasendes Treibmittel verstärkt.

Der Schäumprozess erfordert eine zusätzliche Entlüftung im Vergleich zum Kompaktspritzguss. Es wird empfohlen, das Spaltmaß am Fließwegende zu verdoppeln. Im Allgemeinen sollte der Abstand zwischen den Lüftungsöffnungen nicht mehr als 20 mm betragen. Die Anfangstiefe aller Lüftungsöffnungen sollte 25 % bis 50 % größer sein als die Empfehlungen des Materiallieferanten. Die Entlüftungstiefen in der Nähe des Anspritzpunkts sollten 25 % tiefer sein, während sie am Fließwegende um 50 % tiefer liegen können. Die Ausnahme von dieser Regel ist, wenn die endgültige Dichteabnahme des Teils weniger als 4 % beträgt. In diesem Fall sollte die Materiallieferantenempfehlung für Entlüftungstiefen verwendet werden.

Die Länge an allen Entlüftungen sollte nicht mehr als 1,5 mm betragen, und der Sammelkanal sollte 2 mm tief sein.

Zusätzlich zur Umfangsentlüftung sollte das Teil hinsichtlich aller möglichen Lufteinschlüsse (z. B. Sacklöcher oder Stege) bewertet werden. Dazu gehören alle Bereiche, in denen Material zurückfließen kann: Freistehende Geometrien sowie dünne Abschnitte, die zu Fließverzögerungen führen können. Das Füllen dieser Bereiche kann durch die Verwendung von Fließhilfen verbessert werden. Die bevorzugte Entlüftung an diesen Stellen wird durch Auswerferstifte (rund oder flach) erzielt, da diese wegen ihrer Bewegung selbstreinigend sind. Eine weitere Option sind Entlüftungsstifte.

Zusammenfassend können folgende Empfehlungen für die Entlüftung gegeben werden:

1. Beim physikalischen Schäumen sollten größere Entlüftungsöffnungen vorgesehen werden als beim Kompaktspritzguss.
2. Entlüftungen von den Bereichen mit dem höchsten Fülldruck können 50 – 70 % größer sein, da die niedrigere Viskosität des gasbeladenen Polymers mit einem viel niedrigeren Werkzeuginnendruck einhergeht und damit die Gefahr von Gratbildung stark vermindert wird.
3. Verwenden Sie eine größere Anzahl von Lüftungsöffnungen, insbesondere am Ende vom Fließweg, und überall dort, wo Bindenähte auftreten.
4. Fügen Sie, wo immer möglich, großzügige Entlüftungskanäle hinzu.
5. Nutzen Sie die Entlüftung um die Auswerferstifte herum, z. B. bis zu 0,05 mm Spalt.
6. Entlüftungsauswerferstifte in tiefen, dünnen Bereichen hinzufügen.
7. Entlüftung zwischen Werkzeugkomponenten und auf Schiebern.
8. Nutzen Sie die Tatsache, dass die Schließkraft für das Schäumen um 50 % oder mehr reduziert ist. Dies minimiert das Kollabieren von Entlüftungskanälen, die bei hohen Schließkräften entstehen.

4.5.2 Auslegung von Angussstange und Verteiler

Alle Formen mit Kalt- oder Heißkanal mit Verschlusssystem können für den Schaumspritzguss verwendet werden. Für den Kompaktspritzguss konzipierte Formen sind typischerweise mit dickeren Angussstangen und Verteilern ausgelegt, als für das reine Füllen erforderlich wäre.

Beim Auslegen eines Kaltkanalangusses werden der Anguss und der Kaltkanal nicht nur so bemessen, dass das Material während des Füllvorgangs plastisch bleibt, sondern auch, um die Kavitäten im Standard-Spritzgießprozesses ausreichend mit Nachdruck beaufschlagen zu können. Während dieser Phase ist es wichtig, dass das Material in der Angussstange und im Verteilerkanal schmelzeförmig bleibt, bis das Bauteil unter Druck eingefroren ist. Daher sind diese Komponenten nicht nur typischerweise mindestens doppelt so groß wie die nominale Wanddicke, sondern die Verbindung von Angussstange und Verteiler beträgt typischerweise das Dreifache der nominalen Wanddicke.

Dieses Design führt beim Kompaktspritzguss nicht zu Problemen, da, sobald der Nachdruck abgeschlossen ist, das Material im Anguss von der Angussbuchse wegschwindet, sodass der Anguss beim Öffnen der Form sauber entformt werden kann. Beim physikalischen Schäumen drückt der heiße Schaumkern jedoch die Wände des Angusses gegen die Angussbuchse, bis die Festigkeit der Randschicht des Angusses die nach außen gerichtete Expansionskraft des heißen Kerns übersteigt. Wenn sich die Form vor diesem Vorgang öffnet, ist zwischen der Angussbuchse und dem Anguss eine erhebliche Zugkraft vorhanden, resultierend aus der Reibung. Das Material an der Verbindungsstelle von Anguss und Verteiler muss ausreichend fest sein, um den Anguss gegen diese Widerstandskraft aus der Buchse zu ziehen. Wenn das Material nicht richtig abgekühlt ist, bricht die Angussstange vom Verteiler ab und verbleibt in der Buchse. In diesem Fall ist keine Prozesskonstanz gegeben.

Da der Schäumprozess die Gasexpansion im Formhohlraum nutzt, um den Nachdruck bereitzustellen, müssen der Anguss und der Angusskanal nur so bemessen werden, dass der Formhohlraum gefüllt werden kann. Der Durchmesser von Angüssen und Verteilern kann typischerweise um 25 % reduziert werden. Dies ermöglicht einen ausreichenden Fluss während des Füllens und eine deutlich schnellere Abkühlung.

Weitere Überlegungen zur Angussgestaltung:

- Minimierung der Angusslänge (kleiner 50 mm bevorzugt)
- Möglichst kleiner Durchmesser der Angussbuchse. Diese muss nur 0,5 mm größer sein als die Düsenöffnung.
- Verwendung eines Radius an der Verbindungsstelle der Angussbuchse (mindestens 2 mm)
- Verwendung einer Entformungsschräge von 2°-6°

Alle Verteiler für Mehrfachformen sollten, möglichst natürlich, balanciert sein. Dies bedeutet, dass die Länge des Verteilers von der Angussbuchse zu jeder Kavität in der Länge identisch ist. Bei komplexen Verteilern ergeben sich Fließunterschiede dadurch, dass Material auf der Innenseite einer 90°-Umlenkung eine höhere Scherung erfährt und daher heißer wird, was zu einer niedrigeren Viskosität führt. In der nächsten Umlenkung wird mehr Material zur heißen Seite als zur kalten Seite geführt. Wenn man einen Typ „H" - ein Verteilersystem mit mehr als zwei Umlenkungen - verwendet, sollte MeltFlipper® der Firma Beaumont Technologies Inc., USA, in Betracht gezogen werden. Ein MeltFlipper® gleicht Fließunterschiede durch unterschiedliche Scherung an Kurveninnen- und -außenseite aus, wodurch sich die Schmelzetemperaturen – und damit die Viskosität – im Kanalquerschnitt vereinheitlichen. Verursacht wird dieser Effekt durch eine spezielle Geometrie der Heißkanäle, die über partielle Umlenkung von wärmerer Schnecke hin zu kälterer Polymerschmelze für eine bessere „Mischtemperatur" sorgt.

Die meisten Angussformen, die für den Kompaktspritzguss verwendet werden, sind auch für den Schäumprozess geeignet. Die Lage des Anspritzpunktes sollte ein gleichmäßiges Füllbild erzeugen. Dies wird im Abschnitt zur Formfüllanalyse weiter erläutert.

Bei Verwendung von Tunnelanschnitten mit dem Schäumverfahren wird empfohlen, an der Verbindung von Verteiler und Tunnelkanal einen Radius von 2 mm zu verwenden. Es versteht sich von selbst, dass ein Tunnelanschnitt ein Ort mit hoher Scherung ist, der zu lokalen Oberflächendefekten führen kann.

Der Angussquerschnitt sollte zu Beginn eine Steglänge von 1 mm besitzen.

Eine zweite Variante der Kaltkanalform ist eine Dreiplattenform. Diese Formen haben eine Verteilerplatte, die das Material von der zentralen Angussstelle in andere Bereiche der Form und dann durch kleinere Angüsse in das Teil verteilt. Die Form teilt sich dann an der Trennlinie für die Kavitäten und auch an einer Trennlinie, bei der das Verteilersystem ausgeworfen werden kann. Im Allgemeinen sind Dreiplattenwerkzeuge das am wenigsten bevorzugte Verteilersystem für Schaumanwendungen. Dies ist auf die Tatsache zurückzuführen, dass die Anbindungen klein genug sein müssen, um beim Öffnen der Form von den Teilen zu brechen. Dies führt zu einem hohen Polymerdruck im Verteiler, der ein Überladen verursacht, und entweder das Entformen erschwert, oder eine längere Abkühlzeit zur Folge hat. Wenn ein Dreiplattenwerkzeug verwendet wird, kann es bei der Entformung von weichen Kunststoffen zum Nachblähen des Verteilers kommen. Dies führt bei ungefüllten Polyolefinen zu Entformungsproblemen des Verteilers.

Wie bei Standard-Kaltkanälen sollte der Verteiler für eine Dreiplattenform so gestaltet sein, dass die Kavitäten gefüllt werden können, auf keinen Fall jedoch überdimensioniert, da beim Schäumen keine Ausformung über den Maschinen-Nachdruck benötigt wird. Dies würde nur große Querschnitte, und damit lange Kühlzeiten, erfordern.

Außerdem müssen in alle Werkzeugplatten Kühlkanäle eingebracht werden, die eine effiziente Temperierung des Angussverteilers ermöglichen, damit die Form einwandfrei funktioniert.

4.5.3 Heißkanalsysteme

Üblicherweise werden bei Schäumverfahren Heißkanalsysteme verwendet. Da es erforderlich ist, das geschmolzene gasbeladene Polymer unter Druck zu halten, müssen die Heißkanalsysteme an jedem Anspritzpunkt eine Absperrung enthalten (Verschlussdüse). Handelt es sich um eine Form mit Heißkanaldüse für einen Kaltkanal, muss diese ebenfalls eine Verschlussdüse besitzen. Wenn das System ein voller Heißkanal oder Heißkanal für Kaltkanäle ist, erfolgt der Verschluss jeweils am Ende des Heißkanals. Das Verschlusssystem muss so ausgelegt werden, dass es einem statischen Gegendruck von 240 bar standhält. Es hat sich gezeigt, dass dies unter Verwendung der meisten im Handel erhältlichen pneumatischen oder hydraulischen Nadelverschlussdüsen leicht erreicht werden kann. Bei Verwendung eines pneumatisch betätigten Systems muss die Länge der Luftleitungen zu jedem Zylinder gleich sein. Längenunterschiede können zu verzögerten Öffnungszeiten zwischen den einzelnen Düsen führen. Bei mehreren Kavitäten führt dies zu unterschiedlichen Bauteilgewichten zwischen den Kavitäten.

Wenn man Einfachwerkzeuge mit unsymmetrischen Bauteilabmessungen (z. B. Kotflügel) mit Mehrfach-Heißkanalanbindungen schäumt, dann ist eine Kaskadenansteuerung der Verschlussdüsen unabdingbar. Das bedeutet, jede Heißkanal-Nadelverschlussdüse kann unabhängig von den anderen geöffnet und/oder geschlossen werden. Da diese Art von Bauteilen hohe Anforderungen an das Füllen stellt, sind die Öffnungszeitpunkte der einzelnen Verschlussdüsen hinsichtlich eines optimalen Füllverhaltens zu optimieren.

Bei Verwendung einer individuellen Nadelverschluss-Steuerung ist es vorzuziehen, alle Schieber gleichzeitig zu öffnen und die Schließposition zu variieren, da dies einen stabilen Druckabfall über alle Schieber gewährleistet. Wenn die Offen-Stellung des Schiebers variiert wird, variiert der Druckabfall über jeden beliebigen Abfall an der geöffneten Ventilspindel in Abhängigkeit vom Druck im Heißkanal.

Die Auslegung der Heißkanaldüsen ist abhängig vom Volumenstrom, dies gilt sowohl für Einfach- als auch für Mehrfachanbindungen.

Weitere Überlegungen für Heißkanalsysteme:
- Heißkanalsysteme sollten natürlich balanciert sein, da beim Schäumen der ausgleichende Nachdruck entfällt.
- Jede Anbindung sollte eine individuelle Temperaturregelstelle mit Thermofühler besitzen.

Tandem- und Etagenwerkzeuge haben eine zusätzliche Anforderung, da beim Öffnen des Werkzeuges entweder eine Unterbrechung zwischen der Maschinendüse und der Angussbuchse des Heißkanals auftritt, oder aber der Heißkanal zwischen Aufspannplatte und Mittelplatte getrennt wird. Da gasbeladene Schmelze unter

Druck gehalten werden muss, sind Verschlusssysteme zwischen diesen Trennungen unbedingt notwendig.

Beim Betrieb von Mehrfachformen mit einem Anspritzpunkt pro Kavität ist ein ausbalancierter Heißkanalverteiler mit guter Temperatursteuerung wichtig. Ansonsten führt das Ungleichgewicht der Kavitäten zu Gewichtsschwankungen der Teile. Die Möglichkeit, jede Temperaturzone individuell steuern zu können und eine Temperaturrückmeldung für jede Zone zu haben, ist entscheidend für eine optimale Teilegewichtsverteilung und für ein maximales Prozessfenster.

4.5.4 Werkzeugtemperierung

Die richtige Temperierung ist sowohl beim Kompaktspritzgießen als auch insbesondere beim physikalischen Schäumprozess für die Zykluszeit wichtig. Ein Aspekt der Kühlung, der zuvor diskutiert wurde, war die Beseitigung von Materialanhäufungen im Bauteil. Diese Bereiche können nicht gut temperiert werden, ganz unabhängig davon, wie viel Kühlung vorhanden ist. Sobald alle dickwandigen Abschnitte am Bauteil abgekühlt sind, sollte dieses auf schwierige Kühlgeometrien überprüft werden. Dazu gehören in der Regel Bereiche, die mit langen Kernen und Schiebern geformt werden. Bei langen Kernen sollte die Temperierung bis in die Spitze des Kerns erfolgen. Dies kann mit Verdampferröhrchen oder mit einem umspülten wärmeleitfähigen Kühl- oder Temperierstift erfolgen. Andernfalls führt dies zu einem Nachblähen (post blow) und einer Verlängerung der benötigten Kühlzeit.

Das Kühlen in Schiebern und Kernzügen ist ebenfalls wichtig. Ohne Temperierung werden diese Werkzeugelemente sehr heiß, was ebenfalls zu einem Nachblähen führen kann.

■ 4.6 Füllbildanalyse

Die Füllsimulationssoftware für kompakte Materialien ist ein Industriestandard für die Vorhersage von Füllmustern, Fülldrücken und Restspannungen. Es gibt Simulationspakete einiger Hersteller, die gute Informationen zu den Fülleigenschaften und Vorhersagen der Dichtereduzierung und der Schließkraftanforderung liefern. Unabhängig von der verwendeten Simulationsmethode müssen bei der Anwendung einer Füllsimulation grundlegende Aspekte berücksichtigt werden.

Der erste Aspekt ist das Ausbalancieren des Füllmusters. Wie bereits erwähnt, führen unausgeglichene Füllmuster zu einem Zustand, in dem die Abschnitte der Form überpackt werden, während die anderen Abschnitte noch nicht gefüllt sind.

Im besten Fall werden 3 bis 4 Bereiche des Bauteils am Ende des Füllvorgangs gefüllt. Diese Positionen sollten sich auch in verschiedenen Bereichen des Teils befinden, und nicht alle im selben Bereich. Zusätzlich sollten Rückströmungsbedingungen identifiziert und durch Veränderung an der Anschnitt- oder Wanddicke eliminiert werden. Wenn die Rückströmbereiche nicht beseitigt werden können, ist eine Entlüftung erforderlich. Die Werkzeuggeometrie in diesen Bereichen muss auf mögliche Entlüftung durch Auswerferstifte und -hülsen ausgewertet werden. Wenn Rückströmungsbedingungen durch zu dünne Wanddickenabschnitte erzeugt werden, sollte überprüft werden, ob eine Anspritzung in diesen dünnen Bereichen möglich ist.

Der zweite Aspekt ist die Lage der Bindenähte. Wie beim Kompaktspritzgießen sind Bindenähte normalerweise nicht so fest wie der Kunststoff an sich. Daher sollte beim Füllen darauf geachtet werden, Bindenähte aus Bereichen mit hoher Beanspruchung zu verschieben. Darüber hinaus müssen alle Bindenahtpositionen auf die Möglichkeit einer ordnungsgemäßen Entlüftung geprüft werden. Sollte keine ordnungsgemäße Entlüftung möglich sein, muss die Anschnittposition geändert werden, um die Schweißnaht in einen Bereich zu bringen, der entlüftet werden kann.

Die letzte Betrachtung gilt dem Druck zum Füllen der Kavität. Der Druck zum Füllen der Kavität ist ein Hinweisgeber für die Gewichtsreduzierung und auch für Balancierung des Füllbilds. Der Druck zum Füllen der Kavität sollte unter 550 bar liegen. Ein geringerer Druck zum Füllen ist ein Indikator dafür, dass die Dichteabnahme mehr als 8 % betragen kann. Bei einem Fülldruck von 550 bis 700 bar reduziert sich die erzielbare Gewichtsreduzierung auf 6 % bis 8 %. Drücke über 700 bar sollten möglichst vermieden werden. In Fällen, in denen dies nicht möglich ist, beispielsweise bei dünnwandigen Verpackungen, ist zu beachten, dass die maximal erreichbare Dichtereduktion gering ist.

4.7 Konstruktionsrichtlinien für Schaumspritzgießen

Einige Jahre nachdem das physikalische Schäumen auf den Markt gekommen war, gab es eine bedeutende Veränderung in der Art und Weise, wie mit dem Schäumen umgegangen wurde. Die Anwender entdeckten einen grundlegenden Effekt des Schäumens, der die Denkweise über den Kompaktspritzguss „auf den Kopf stellte".

Betrachtet man die Zusammenhänge beim konventionellen Kompaktspritzgießen, so gelten insbesondere die folgenden Regeln:

- Die Kunststoffmasse muss vom Einspritzpunkt bis zum Ende des Fließweges gepresst werden, bevor sie gefriert.

- Es besteht auch die Notwendigkeit, die plastische Masse über die gesamte Länge des Bauteils zu komprimieren, sowohl um eine annähernd gleichmäßige Schwindung und Maßhaltigkeit zu erreichen, als auch um Einfallstellen und Lunker zu beseitigen.

Diese allgemein gültigen Regeln für den Kompaktspritzguss führen automatisch zu Konstruktionsvorgaben, die z. B. die Möglichkeit zur Reduzierung der Wanddicken behindern. Mit anderen Worten, die Bauteilentwicklung folgte den herkömmlichen Regeln der sogenannten „kunststoffgerechten Konstruktion" hinsichtlich der Notwendigkeit, die zuletzt gefüllten Bereiche über den Bauteilquerschnitt zu füllen und zu verdichten.

„Konstruktion für Funktion" durch Schäumen bedeutet, ein Bauteil so zu konstruieren, dass das Material dort ist, wo es sein muss, um die Funktion des Bauteils sicherzustellen, und nicht, um das Füllen der Form im Kompaktspritzgießprozess zu ermöglichen. Bei der Konstruktion eines nach der Tradition des Kompaktspritzgießens zu füllenden Teils kommt es im Wesentlichen darauf an, dass alle Merkmale ordnungsgemäß gefüllt werden (insbesondere am Ende der Füllung), bevor die Wanddicke vollständig eingefroren ist. Typischerweise bedeutet dies eine relativ gleichmäßige Nennwand mit dickeren Abschnitten näher an den Anschnitten und dünneren Abschnitten gegen Ende der Füllung. Bei der Betrachtung eines Teiledesigns für das Schaumspritzgießen sollte berücksichtigt werden, dass das Teil durch Schaumexpansion gefüllt wird, im Gegensatz zur Übertragung von Material unter Druck in den Formenraum.

Wie schon erwähnt, kommt es bei der Veränderung eines für das Kompaktspritzgießen ausgelegten Teils in ein mikrozellular geschäumtes Teil zu einer Verringerung des Gewichts, indem die Dichte des Teils reduziert wird. Die Verringerung der Dichte ist immer durch den Fließfaktor des Teils (Fließweg-Wanddicken-Verhältnis F/s; vergleiche dazu Bild 4.1) begrenzt. Beim Konstruieren für die Funktion eines Bauteils mithilfe des mikrozellularen Schäumens wird eine Gewichtsreduzierung durch Änderungen der Grundwanddicke ebenso wie durch Dichteabnahme erreicht. In den meisten Fällen führt ein für die Funktion konzipiertes Teil zu einer geringeren Dichteabnahme als die gleiche Teilekonstruktion für Kompaktspritzguss, die in geschäumtes Material umgewandelt wird. Bei dem für die Funktion konzipierten und geschäumten Teil kommt es dann aber zu einer viel höheren Gesamtgewichtsreduktion!

Es gibt zwei grundlegende Eigenschaften des mikrozellularen Schäumprozesses, die die Wanddickenreduzierungen ermöglichen. Die erste davon ist relativ einfach erklärbar. Dies ist die Verringerung der Materialviskosität, die sich aus der Bildung einer Einphasenlösung ergibt. Die Viskositätsreduzierung ist eine Funktion sowohl des Materialtyps als auch des als Treibmittel verwendeten überkritischen Gases (Super Critical Fluid = SCF). Im Allgemeinen neigen Materialien einer Familie dazu, ähnliche Viskositätsänderungen beim Zusatz eines SCF zu zeigen. Amorphe Kunststoffe wie PS, ABS und PC zeigen die größte Abnahme der Viskosität bei Zugabe von Stickstoff oder Kohlendioxid im überkritischen Zustand im Bereich von 15 % bis 25 %. Gefüllte teilkristalline Kunststoffe zeigen typischerweise eine Abnahme von 15 % bis 20 %, Polyolefine etwa 10 %. Diese Viskositätsveränderung ermöglicht ein besseres Füllen von dünnen Wandungen.

Das zweite Merkmal, Zellwachstum, welches die traditionelle Nachdruckphase des Spritzgießprozesses ersetzt, führt zu zwei Effekten. Zum einen zu einer Schließkraftverringerung, die es ermöglicht, eine geringere Wanddicke bei gleicher Schließkraft zu füllen. Bei den meisten typischen Spritzgussanwendungen mit Wanddicken von 1,5 mm bis 3 mm ist dies kein wesentlicher Effekt. Bei Anwendungen, bei denen die Wanddicken unter 1,0 mm liegen, kann dies jedoch sehr hilfreich sein.

Der andere Effekt liegt in der Möglichkeit, dicke Abschnitte am Fließwegende zu füllen. Eine sehr gebräuchliche Richtlinie für kompakte Bauteile besagt, die Anspritzpunkte so zu wählen, dass der Materialfluss von dicken zu dünnen Abschnitten erfolgt. Dies hängt nicht so sehr mit dem Füllen zusammen, als mit dem einfacheren Verdichten dicker Abschnitte mit Hilfe des Nachdrucks. Die Materialschrumpfung ist abhängig von Wanddicke und Werkzeuginnendruck. Dünnere Wände schrumpfen von Natur aus weniger als dickere Bereiche, und je weiter sie vom Anspritzpunkt entfernt sind, desto niedriger ist der Druck in den Kavitäten. Durch das Anbringen dünner Bereiche am Fließwegende befinden sich jene, die den geringsten Nachdruck erfordern, an den Stellen, an denen sich der niedrigste Forminnendruck befindet. Damit wird ein Abkühlen vom dünnen Fließwegende zum dickeren – und damit ein längerer plastischer Anspritzbereich – gewährleistet.

Ein Problem tritt auf, wenn konstruktive Gründe für dicke Abschnitte am Fließwegende vorliegen. In diesen Fällen muss die Wanddicke im Teil erhöht werden, um einen ausreichenden Fülldruck in diesen dicken Abschnitten zu ermöglichen. Dies bedeutet mehr Teilegewicht, das durch den Prozess bedingt ist, und nicht auf die Funktion des Bauteils ausgerichtet ist.

Daneben werden durch das Zellwachstum Einfallstellen an der Verbindungsstelle von Rippen und Schraubdomen beseitigt, was bedeutet, dass das Verhältnis von Rippenstärke zu Wanddicke auf bis zu 1 : 1 erhöht werden kann.

„Besonderheiten bei TSG"

⇨ **Anspritzung von „Dünn auf Dick"**

⇨ **Wanddicke-Rippe-Verhältnis 1:1 möglich**

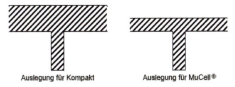

Bild 4.9 Anspritzen von „dünn auf dick" [Bildquelle: Trexel GmbH]

Eine einfache Anwendung dieses Prinzips wäre eine quadratische Box, die einen Rand mit einer Wanddicke von 2,5 mm erfordert, z. B. wegen Stabilität oder Montageanforderungen. Um diesen Rand am Fließwegende im herkömmlichen Spritzgießen richtig füllen zu können, ist die Grundwanddicke für das gesamte Teil auf mindestens 2,5 mm ausgelegt. Bei einer Fließlänge von 375 mm, die zu einem Fließverhältnis von 150 : 1 führt, würde die maximal erreichbare Dichtereduktion beim Schäumen im Bereich von 8 % liegen (zum Schäumgrad über Fließweg-Wanddicken-Verhältnis siehe Bild 4.1).

Durch die Nutzung des mikrozellularen Schaumverfahrens kann die Grundwanddicke dieses Teils jetzt auf 2,2 mm reduziert werden, wobei der Rand immer noch 2,5 mm beträgt. Bei gleicher Fließweglänge von 375 mm beträgt das Fließverhältnis jetzt 170 : 1. Die erreichbare Dichtereduktion wird jetzt aufgrund des höheren Fließweg-Wanddicken-Verhältnisses näher an 6 % liegen. Zusätzlich gibt es jedoch auch eine Gewichtsreduzierung von 12 % durch die geringere Wanddicke. Dieses Design führt zu einer Gesamtgewichtsreduzierung von 18 %.

Gesamtgewichtseinsparung 18 % = Design 12 % + Schäumen 6 %

Eine Verringerung der Wanddicke auf 2,0 mm würde zu einer Gewichtsreduzierung von 20 % durch das Design führen, zusätzlich zu einer Verringerung der Dichte um 5 % – insgesamt zu einem kombinierten Wert von 25 %.

Gleiches ist auch bei komplexeren Bauteilen, wie z. B. einer Automobil-Lüfterzarge, möglich. In diesem Fall wurde im Kompaktspritzgießen die Grundwanddicke auf 2 mm ausgelegt. Die wichtigste mechanische Anforderung ist dabei die Befestigung und Abstützung der Lüfter- und Motormontage. Dies wird in erster Linie dadurch erreicht, dass die vier Ecken der Verkleidung an der Konstruktion des Fahrzeugs befestigt werden.

Der Kraftfluss erfolgt von diesen Befestigungspunkten in direkter Linie zu den Montagepunkten für den Lüfter im Zentrum. Das Teil wird direkt in die mittlere Nabe des Lüftermotorträgers angespritzt. Bei dieser Anspritzposition ist eine nominale Wanddicke von 2 mm nötig, damit das Teil gefüllt werden kann.

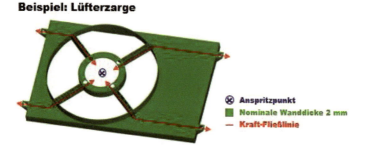

Bild 4.10 Konstruktion für Funktion 1 [Bildquelle: Trexel GmbH]

Bei der Gestaltung des Funktionsprinzips wurden die wichtigsten strukturellen Bereiche als Lüfterhalterung, Statoren und Verbindung zum Fahrzeug identifiziert. Für diese Bereiche wurden die aktuellen Wanddicken wie beim ursprünglichen Entwurf beibehalten. Beim „Design für Funktion" wurden die auf dem Teil befindlichen flächigen Bereiche auf eine Wanddicke von 1,0 mm reduziert.

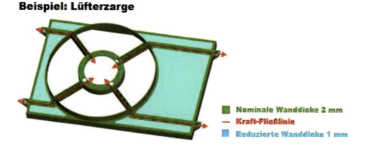

Bild 4.11 Konstruktion für Funktion 2 [Bildquelle: Trexel GmbH]

Mit der ursprünglichen Anspritzsituation konnte das neue Design nicht vollständig gefüllt werden. Daher wurden in die dünneren Abschnitte vier Anspritzpunkte eingebracht, sodass diese dünnen Bereiche zuerst gefüllt wurden, und das Material dann am Ende des Füllens in die dickeren Abschnitte expandieren konnte. Das Erhöhen der Anzahl der Anspritzpunkte hielt das Fließweg-Wanddicken-Verhältnis relativ kurz, was das Füllen der Form auf einer Spritzgießmaschine mit Standard-Einspritzdruckbereich ermöglichte. Diese Lösung erfordert ein teureres Heißkanalsystem, das letztendlich ein um 250 g leichteres Bauteil ermöglicht. Die Materialeinsparungen führten jedoch dazu, dass die zusätzlichen Kosten des Heißkanals in weniger als 4 Monaten amortisiert werden konnten.

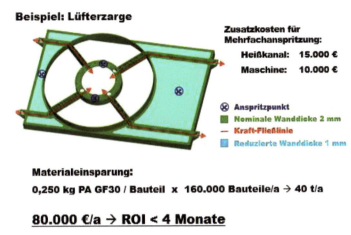

Bild 4.12 Konstruktion für Funktion 3 [Bildquelle: Trexel GmbH]

4.7.1 Drei-Phasen-Modell bei der praktischen Umsetzung des Konstruierens für TSG-Bauteile

Im Laufe der Jahre hat sich bei den Anwendern des Schäumens von Kunststoffteilen eine pragmatische Umgangsweise entwickelt, die aus drei Phasen besteht:

- Phase 1: Anwendung der Gestaltungsrichtlinien für konventionelles Spritzgießen (kompakt)
- Phase 2: Anwendung der Gestaltungsrichtlinien für konventionelles Spritzgießen (kompakt), **aber** mit Werkzeuganpassung für Schäumen
- Phase 3: Nutzung der umfassenden Gestaltungsfreiheiten durch das Schäumen

Wir werden im Folgenden die praktische Umsetzung dieser Schritte in einer Fallstudie am Beispiel einer Mittelkonsole aufzeigen.

Kunden, die keine Erfahrung mit dem Schäumen haben, benutzen oftmals ein vorhandenes Werkzeug und mustern es auf einer Spritzgießmaschine, die für das physikalische Schäumen eingerichtet ist. Bei diesem ersten Schritt werden Bereiche, die beim Schäumen zu Problemen führen könnten, analysiert. In unserem Beispiel ist es ein Bereich mit dicken Wandungen, der schwierig zu kühlen ist.

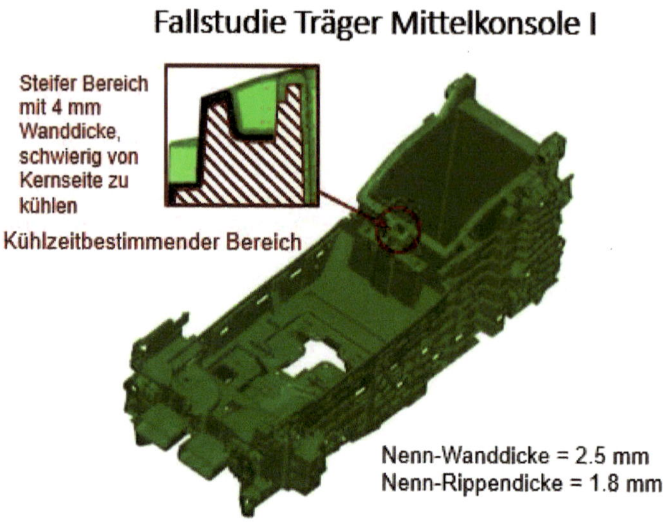

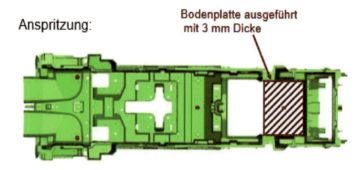

Bild 4.13 Fallstudie Träger Mittelkonsole I [Bildquelle: Trexel GmbH]

Im zweiten Schritt wird das Werkzeug im Hinblick auf das Schäumen optimiert – allerdings nur so weit, wie sich das Bauteil weiterhin kompakt fertigen lässt. Das heißt, die sogenannten „hot spots" werden reduziert, das Füllen balanciert, und man versucht, Lufteinschlüsse möglichst komplett zu vermeiden (siehe Bild 4.13 und Bild 4.14).

Bild 4.14 Fallstudie Träger Mittelkonsole II [Bildquelle: Trexel GmbH]

Nunmehr können die Daten erfasst werden, die für eine Kostenanalyse zugrunde gelegt werden müssen.

Ausgangsdaten für die Kalkulation

Bauteilgewicht = 1300 g (*ungefähre Annahme*)
Anzahl der Kavitäten = 1
Zykluszeit kompakt = 60 s
Maschinengröße kompakt = 1300 t (*bedingt durch Werkzeuggröße*)

Bild 4.15 Ausgangsdaten für die Kalkulation [Bildquelle: Trexel GmbH]

Daraus ergibt sich ein erster Kostenvergleich von Kompaktspritzguss mit – in diesem Fall – MuCell®. Die Daten vom Kompaktspritzguss werden verglichen – hier werden die Unterschiede bei der Einspritzzeit und der Nachdruckphase augenfällig.

MuCell® vs. Kompakt Phase 2

Gewichtsreduktion = 6 %
Zykluszeitersparnis = 13 %

	Kompakt	MuCell
Einspritzzeit:	3 s	1.5 s
Nachdruckphase:	7 s	0.5 s
Kühlzeit:	35 s	35 s
Werkzeugbewegung:	18 s	18 s
Zykluszeit insgesamt:	63 s	55 s

12.7 % kürzere Zykluszeit geschäumt

Verringerung der Maschinengröße = 0 %
(*Werkzeug würde nicht auf kleiner Maschine passen*)

Bild 4.16 MuCell® versus Kompakt Phase 2 [Bildquelle: Trexel GmbH]

In Phase 3 werden sämtliche Optimierungsmöglichkeiten für den Schaumspritzguss angewandt (siehe Bild 4.17): Eine erste konstruktive Maßnahme ist die Verringerung der Nennwanddicke. Dies hat sowohl Einfluss auf die mechanischen Eigenschaften des Bauteils (Steifigkeit durch Bauteilvolumen und Rippenstruktur), als auch auf den Spritzgussprozess selbst. In den meisten Anwendungsfällen hat die schäumgerechte Bauteilgestaltung den größten Einfluss auf die Gewichtseinsparung. Die Schaumstruktur des Materials hat dagegen oft nur einen zusätzlichen, aber in der Regel geringeren, Effekt auf das Gewicht des Bauteils. Die expandierende Einphasenlösung aus Treibfluid und Polymer baut beim Schäumen einen eigenen Druck auf. Deswegen ist der Fülldruck niedriger als beim Kompaktspritzguss. Außerdem verteilt sich der Druck während der Expansionsphase gleichmäßig in der Kavität. Der Verzug des Bauteils wird eliminiert. Ebenso verhindert dieser Effekt weitgehend das Auftreten von Einfallstellen. Die allgemeine Regel des Kompaktspritzgusses, von „dick auf dünn" anzuspritzen, wird umgekehrt (vgl. dazu auch Bild 4.9). Die kompakte Randschicht bei TSG hat darüber hinaus einen positiven Effekt auf den Biegemodul des Bauteils. Die niedrigere Viskosität – also das leichtere Fließen des Polymers – bei TSG führt dazu, dass sich das Fließweg-Wanddicken-Verhältnis vergrößert: Das Bauteil kann dünnwandiger konstruiert werden.

Phase 3 Design Änderungen
(Träger Mittelkonsole)

1. Nennwanddicke auf 1.8 mm reduziert
    - Steifigkeit durch Bauteilvolumen und Rippenstruktur
    - Verbesserte Fließeigenschaften mit MuCell
    - Füllen von dick auf dünn möglich
    - Geringeres Rückfließen an Rippen
2. Wanddicke Luftführungsbereich auf 1,5 mm reduziert
3. Bereich Ablagefach bleibt 2,5 mm um Fließwegverhältnis nicht zu verändern
4. Verringerung der 4 mm Wanddicke an der oberen Kante Ablagefach

Bild 4.17 Designänderungen [Bildquelle: Trexel GmbH]

Wie schon erwähnt, ergeben sich die größten Effekte bei der Kostenanalyse im Bereich der Gewichtsreduktion, die hauptsächlich durch die konstruktiven Veränderungen erzielt werden. Darüber hinaus wirkt sich die Zykluszeitersparnis positiv auf die Kostensituation aus. Somit ergibt sich Bild 4.18:

4.7 Konstruktionsrichtlinien für Schaumspritzgießen

MuCell® vs. Kompakt Phase 3

Gewichtsreduktion = 28 %

Zykluszeitersparnis = 21 %

	Kompakt	MuCell
Einspritzzeit:	3 s	1.0 s
Nachdruckphase:	7 s	0.5 s
Kühlzeit:	35 s	30 s
Werkzeugbewegung:	18 s	18 s
Zykluszeit insgesamt:	63 s	50 s

20.6 % schnellere Zykluszeit mit MuCell

Verringerung der Maschinengröße = 0 %
(*Werkzeug würde nicht auf kleinere Maschine passen*)

Bild 4.18 MuCell® versus Kompakt Phase 3 [Bildquelle: Trexel GmbH]

Tabelle 4.2 Übersicht für Träger Mittelkonsole [Bildquelle: Trexel GmbH]

Übersicht für Träger Mittelkonsole (Kompakt – Phase 2 – Phase 3)			
	Solid	Phase 2	Phase 3
	Originalteil	Originalteil mit MuCell®	Angepasstes Design & MuCell®
Gewicht	1300 g	1220 g −6 %	936 g −28 %
Zykluszeit	63 s	−13 % (55 s)	−21 % (50 s)
Maschinengröße	1300 t	1300 t • (Werkzeuggröße)	1300 t • (Werkzeuggröße)
Amortisation bei	–	700 000 Teilen	220 000 Teilen

Das Bauteildesign berücksichtigt nunmehr alle Auslegungsrichtlinien zur Erzielung einer gewichtsoptimierten Konstruktion nach dem TSG-Verfahren. Dabei enthält die Baugruppe der Mittelkonsole sechs unterschiedliche MuCell®-Formteile, wobei sich die Gesamtteile durch Rechts/Links-Ausführungen erhöhen. Je nach Position in der Baugruppe wurde für jedes Bauteil die geeignetste Lösung aus Design und Material angewendet.

Die dünnwandigen Bauteile erfüllen die hohen Qualitätsvorgaben seitens eines OEMs aus der Automobilindustrie – insbesondere mit Blick darauf, Verzug und Einfallstellen auszuschließen. Ein Resultat, das ohne das Prinzip des physikalischen Schäumens für die vorliegende Konstruktion nicht hätte erzielt werden können.

4.7.2 „Design für Funktion" – ein Plädoyer

Leichtbau ist noch immer die treibende Kraft für das Thermoplast-Schaumspritzgießen, obwohl die Technologie aufgrund der veränderten Prozessführung ein breites Spektrum an zusätzlichen Möglichkeiten bietet, um bauteilspezifische Anforderungen mit geringerem Aufwand besser umzusetzen. Basis hierfür ist das Grundverständnis der Erkenntnisse, wie sie weiter oben beschrieben wurden. Wenn diese Erkenntnisse richtig angewandt werden, ergeben sich folgende Möglichkeiten:

- Werkzeuge können einfacher gestaltet, und damit die Kosten gesenkt werden.
- Es können alternative Werkzeugmaterialien (z. B. Aluminium) eingesetzt, Zykluszeiten verkürzt und Kosten reduziert werden.
- Es können gezielt Unterschiede bei der Wärmeausdehnung alternativer Werkzeugmaterialien genutzt werden, um schwindungsabhängige Bauteilmaße mittels Temperatur in einem Werkzeug zu egalisieren [1].

Bei Kunststoffen mit hoher Steifigkeit und der beanspruchten Wanddicke von 2 mm ohne Schäumen kann Folgendes festgehalten werden:

- Die Verwendung von Werkstoffen mit hoher Steifigkeit und TSG ist kein Widerspruch. Vielmehr haben wir die Erfahrung gemacht, dass diese Art von Kunststoffen sich sehr gut mit TSG schäumen lassen.
- Die wirklichen Einsparungen bei TSG ergeben sich aus einem intelligenten Design, das heißt „topologischen Design". Wanddicken können in Bereichen mit unterschiedlichen Steifigkeiten realisiert werden. Es ist dabei möglich, entsprechend der geforderten Steifigkeit, Wanddicken mit unterschiedlicher Dicke zu konstruieren. Bei einer herkömmlichen Formgebung würde diese Art der Konstruktion häufig zu Verformungen und/oder Füllungsproblemen führen.
- Je dünner die Wanddicke und je länger das Fließlängenverhältnis ist, desto höher sind die inneren Spannungen, die bei herkömmlichen Formteilen im Bauteil auftreten. Mit TSG wären die Teile weniger deformiert und dimensionsstabiler.
- 1: 1 Wand-Rippen-Verhältnisse wären mit herkömmlichen Formteilen (ohne Einfallstellen) nicht möglich.

Literatur

[1] Heitkamp, H., Betsche, M.: „Mehr als nur Schaumbläschen", *Kunststoffe*, (2014) 12

5 Prozess-Simulation

■ 5.1 Softwaresysteme

Nach der Markteinführung des physikalischen Schäumens thermoplastischer Polymere Ende der 1990er Jahre [1] standen lange keine Softwaresysteme zur Verfügung, die das Schäumen simulieren konnten. Aus diesem Grund hatte die Firma Trexel Richtlinien veröffentlicht, wie kompakte Simulationen angepasst werden sollten, damit die Ergebnisse denen von MuCell®-Artikeln entsprechen (Trexel, 2009).

So wurde versucht, die niedrigere Viskosität mit MuCell® abzubilden, indem in der Simulation ein identisches, aber besser fließfähiges Material (12 – 15 % höherer MFI) benutzt wurde. Zudem wurden 50 % höhere Einspritzgeschwindigkeiten sowie die Reduktion der Nachdruckhöhe auf 25 % des Einspritzdrucks angewendet. Es ist selbstverständlich, dass hiermit keine Aussagen über Schaumstruktur, Abkühlverhalten oder Verzug gemacht werden konnten. Ziel war es nur, ein sehr gut balanciertes Füllbild mit geringen Einspritzdrücken unter 550 bar zu erreichen. Zudem sollten Bindenähte und Entlüftungsprobleme am Fließwegende vermieden werden, um das Gewichtsreduktionspotenzial nicht zu stark zu reduzieren.

Diese Empfehlungen haben heute immer noch ihre Gültigkeit für den MuCell®-Prozess, wobei sich die Softwaresysteme wesentlich weiterentwickelt haben. **Cadmould 3D-F** (Simcon kunststofftechnische Software GmbH, Würselen, Deutschland), **Moldflow** (Autodesk Inc., San Rafael, USA) und **Moldex3D** (CoreTech System Co., Ltd., Zhubei City, Taiwan) sind die drei meistgenutzten Softwaresysteme, die das chemische und physikalische Schaumspritzgießen simulieren können.

Der Schlüssel, um das Schaumspritzgießen präzise zu simulieren, liegt in der korrekten Berechnung der Nukleierung und des Blasenwachstums. Dazu gehört auch die Diffusion des überkritisch gelösten Gases aus der Ein-Phasen-Lösung in die Zellbildung. Alle drei Softwaresysteme (Cadmould, Moldflow, Moldex3D) verwenden unterschiedliche mathematische Modelle, um die Nukleierung und das Zellwachstum zu beschreiben. Auch die Modelle, welche die Reduktion der Viskosität der mit Treibmittel beladenen Schmelze und somit die Fließfähigkeit beschreiben, sind in den Softwaresystemen unterschiedlich [3]. Daher sind selbst bei gleichen Eingangsparametern Abweichungen bei den Ergebnissen zwischen den Softwaresystemen sehr wahrscheinlich.

An dieser Stelle möchten wir noch einmal betonen, dass es sich bei diesem Kapitel um die *Prozess*-Simulation handelt. Dieser Prozess-Simulation muss dann die für die Bauteilauslegung wichtige *Struktur*-Simulation folgen. Die dazu vorhandenen Programme sind aber nicht Teil dieser Publikation.

■ 5.2 Simulation Viskositätsreduktion/ Zellnukleierung und Zellwachstum

Der Prozess des Schaumspritzgießens besteht aus vier Schritten (siehe hierzu auch Kapitel 3): Im *ersten Schritt* wird das Treibmittel, meist Stickstoff oder Kohlendioxid, im überkritischen Zustand in der Polymerschmelze gelöst und verteilt. Dies findet im Aggregat der Spritzgießmaschine statt und ist ein Vorgang, der bisher simulativ nicht abgebildet wird. Die Simulation geht von einer homogenen Ein-Phasen-Lösung aus. Je nach Schäumverfahren existieren hier große Unterschiede.

Im *zweiten Schritt* wird dieses Ein-Phasen-Polymer/Gas-Gemisch in die Kavität eingespritzt und eine große Anzahl an Nukleierungspunkten bildet sich durch einen starken Druckabfall. Dieser Druckabfall findet schon im Heiß- und Kaltkanal und natürlich anschließend auch im Bauteil statt. Somit ergibt sich eine heterogene Zelldichteverteilung.

Im *dritten Schritt* findet das Blasenwachstum statt, bei dem die Kavität weiter gefüllt wird und die Schwindung durch die Expansion des Gases kompensiert wird. Das Blasenwachstum wird durch die Gasdiffusion angetrieben und ist stark von Druck und Temperatur abhängig.

Im *finalen vierten Schritt* kühlt das geschäumte Bauteil ab. Wenn das Bauteil ausreichend abgekühlt und die Schaumstruktur fixiert ist, kann das Bauteil entformt werden.

Für jedes Softwaresystem sind diese komplexen Vorgänge, die mikroskopisch und makroskopisch stattfinden, eine große Herausforderung. Ziel muss es sein – neben der Viskositätsreduktion –, auch die Nukleierung und das Zellwachstum und schließlich auch Dichteverteilung, Schwindung und Verzug korrekt zu berechnen.

5.2.1 Viskositätsreduktion

Das überkritische Treibmittel ist in der Schmelze gelöst und besetzt das vorhandene freie Volumen in der Polymerschmelze [4]. Dieses Verhalten verursacht die Reduktion der Viskosität der Schmelze. Alle Softwaresysteme gehen davon aus, dass das überkritische Gas gleichmäßig in der Schmelze gelöst und verteilt ist, bevor es in den Heißkanal oder die Maschinendüse eintritt. Moldex3D verwendet das Cha-Jeong-Modell und das modifizierte Cross-Modell mit Arrhenius-Temperaturabhängigkeit, um die reduzierte Viskosität der Schmelze zu berechnen [5], [4].

$$\frac{\eta}{\eta_p} = 1 - k\, w^{af_p}$$
$$f_p = f_g + a_f(T - T_g)$$

(5.1)

η: viscosity of raw material
η_p: viscosity of materials which containing molten gas
w: amount of gas (%)
a_f: expansion ratio of the free volume fraction (= 4.8×10^{-4} K^{-1})
f_p: volume of the polymer.
f_g: free volume of polymer at glass transition temperature (used to be 0.025)
a, k: coefficients of the Cha-Jeong model

Reduzierte Viskosität nach Moldex3D

Hier ist η die Viskosität des Polymers, η_p die Viskosität des Polymers mit gelöstem Gas, w ist der Gasanteil, a_f ist Ausdehnung des freien Volumens (= 4,8 * 10^{-4} K^{-1}), f_p ist das freie Volumen im Polymer, f_g das freie Volumen im Polymer bei Glasübergangstemperatur (meist 0,025) und a sowie k sind Koeffizienten des Cha-Jeong-Modells [5], [4].

Im Gegensatz dazu wird die reduzierte Viskosität der Schmelze in Moldflow durch Formel 5.2 repräsentiert [6]:

$$\eta = \eta_r (1 - \varnothing)^{v_1} exp\left(v_2 c + v_3 c^2\right)$$

(5.2)

Reduzierte Viskosität der Schmelze nach Moldflow

η ist die Viskosität des Polymer-Gas-Systems, η_r ist die Viskosität des Polymers ohne Gas, Φ ist der Volumenanteil, den die nukleierten Gasblasen einnehmen, c ist die Start-Gaskonzentration und v_1, v_2 und v_3 sind gefittete Koeffizienten des Modells [6]. Würde man Φ (Phi) mit null gleichsetzen, d.h. die Keimbildung hätte noch nicht stattgefunden, vereinfacht sich die Formel wesentlich, und es ist möglich, die Start-Viskositätsreduktion der Schmelze einfach zu berechnen.

Die Berechnung der Viskositätsreduktion basiert in Cadmould auf Forschungsergebnissen von Jian Wang 2009. Hier beeinflusst das Treibmittel die Viskosität dadurch, dass es die Glastemperatur unterdrückt. Die Viskositätsreduktion ist äquivalent zu einem Temperaturanstieg, wo das ΔT die Differenz ist zwischen den Tg-Werten des Polymers ohne und mit Gas [7].

5.2.2 Zellnukleierung und Zellwachstum

Eine homogene, gleichmäßige Keimbildung über das gesamte Bauteil ist eine ideale Situation, bei der sich alle Keime zur gleichen Zeit bilden. Kürzere Einspritzzeiten sind hilfreich, um sich diesem Zustand anzunähern. Erreichbar ist dieser Zustand aber im Schaumspritzgießen nicht. In der Realität ist die Keimbildung von Temperatur- und Druckverteilung im Bauteil abhängig. Keimbildung und Wachstum finden schon während des Einspritzens statt, und es bildet sich eine heterogene Verteilung der Keime.

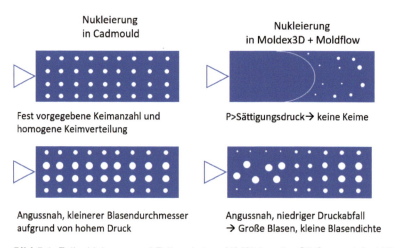

Bild 5.1 Zellnukleierung und Zellwachstum [4] [Bildquelle: GK Concept GmbH]

Dabei stehen Nukleierung und Blasenwachstum im Wettbewerb zueinander. Beide Vorgänge konsumieren das gelöste Gas. Insofern führt eine höhere Nukleierungsrate (also mehr Zellkeime) zu einem reduzierten Blasenwachstum (kleinere Blasen).

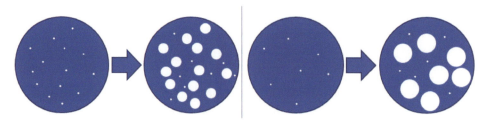

Bild 5.2 Zellnukleierung und Zellwachstum [8] [Bildquelle: GK Concept GmbH]

Prinzipiell ist das Zellwachstum von folgenden Faktoren abhängig [9]:
- Oberflächenspannung der Blasen
- Spannungen in der viskoelastischen Zellwand
- Anzahl an nukleierten Blasenkeimen
- Gewichtsanteil an gelöstem Gas in der Schmelze
- Steifigkeit des Polymers
- Abkühlrate
- Gasdruck in den Blasen

Alle Softwaresysteme versuchen mehr oder weniger erfolgreich, diese Einflussfaktoren zu berücksichtigen. Der Einfluss von Füllstoffen kann aber bisher noch in keinem System berechnet werden. Füllstoffe beeinflussen zum einen die Viskosität, und wirken auch als Nukleierungshilfsmittel (siehe hierzu auch Kapitel 6). So beeinflusst z. B. das Treibmittel die Viskosität des Polymers, aber nicht die des Füllstoffes. Insofern wird die Viskositätsreduktion bei ungefüllten Polymeren höher ausfallen als bei gefüllten Polymeren. Auch haben gefüllte Polymere eine homogenere Schaumstruktur, da die Fremdkörper in der Polymerschmelze Startstellen für die Keimbildung sind. Beide Effekte werden aktuell von keiner Software berücksichtigt.

Moldex3D hat das Foam-Modul vor zehn Jahren eingeführt und stetig weiterentwickelt. Das Modul berechnet den Blasendurchmesser und die Blasendichte, indem die Keimbildung und das Blasenwachstum berücksichtigt werden. Die Nukleierung und das Blasenwachstum stehen im Wettbewerb zueinander und werden über eine Exponentialfunktion der Konzentration (Massenerhaltung) des gelösten Gases ausgedrückt. Beides startet bei Moldex3D schon beim Einspritzen in die Kavität, und die Ergebnisse werden bei der Schwindungs- und Verzugsberechnung mitberücksichtigt [5].

In Moldex3D wird ein gefittetes Nukleierungsmodell verwendet, um die Keimbildung zu berechnen. f_0 und F sind Anpassungsparameter für die Nukleierungsgeschwindigkeit. Die Nukleierung beginnt, wenn die Keimbildungsrate über einen Grenzwert $J(t) > J_{threshold}$ steigt. Dieser Grenzwert und die Anpassungsparameter sind in Moldex3D je nach Gas hinterlegt und für alle Materialien gleich.

$$J(t) = f_0 \left(\frac{2\gamma}{\frac{\pi M_w}{N_A}} \right)^{\frac{1}{2}} \exp\left(-\frac{16\pi\gamma^3 F}{3k_B T \left(\frac{\bar{c}(t)}{k_H} - P_c(t)^2 \right)} \right) N_A \bar{c}(t) \tag{5.3}$$

Nukleierungsmodell Moldex3D [5]

Nach der Nukleierung startet das Blasenwachstum. Auch die Diffusion des Gases aus der Schmelze in die Blasen und das damit verbundene Wachstum sind von diesen Materialparametern abhängig. Das Wachstum der Blasen findet durch zwei

Mechanismen statt [1], und wird hauptsächlich durch die Temperatur und den Druck beeinflusst. Im Einzelnen unterscheidet man hierbei das *hydrodynamisch kontrollierte* sowie das *diffusionsbasierte* Wachstum.

Das **hydrodynamisch kontrollierte Wachstum** beschreibt die Geschwindigkeit des Blasenwachstums anhand der Druckdifferenz zwischen dem Druck des Gases in der Blase und dem Druck der Polymerschmelze außen auf die Blase und findet so lange statt, bis ein Druckausgleich zwischen innerhalb und außerhalb der Blase existiert. Zudem ist das Wachstum abhängig von der Schmelzeviskosität und der Oberflächenspannung, und ist an die Strömung der Polymerschmelze gekoppelt. Das Modell ist in Moldflow und in Moldex3D gleich und der Radius R der Blasen über der Zeit ergibt sich wie folgt:

$$\frac{dR}{dt} = \frac{R}{4\eta}\left(P_D - P_C - \frac{2\gamma}{R}\right) \tag{5.4}$$

Modell hydrodynamisches Wachstum

Dabei ist η die Viskosität, P_D der Gasdruck in der Blase, P_C der Schmelzedruck außerhalb der Blase, und γ ist die Oberflächenspannung an der Grenzschicht [10], [11]. Der Schmelzedruck P_C ist abhängig von dem Spritzgießprozess, und der Gasdruck in der Blase P_D ist von den Diffusionsvorgängen abhängig. Formel 5.4 zeigt, dass der Druck in der Blase vom Blasenradius abhängig ist. Zwischen Blaseninnerem und Polymerschmelze wird eine dünne Grenzschicht mit der Dicke δ angenommen, die wie in Bild 5.3 visualisiert werden kann.

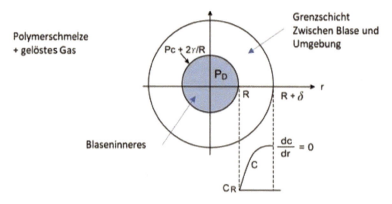

Bild 5.3 Modell des Blasenwachstums [11] [Bildquelle: CoreTech System Co., Ltd.]

Die **Gasdiffusionsgleichung** beschreibt die Änderung der Konzentration des gelösten Gases entlang der radialen Richtung der Grenzschicht der Blase. Die Diffusion des Gases aus der Polymerschmelze in die Blase erhöht den Blaseninnendruck. Die Druckdifferenz zwischen dem Innendruck der Blase und dem äußeren Umgebungsdruck der Blase ist somit die treibende Kraft des Blasenwachstums.

Dabei ist c die Konzentration des gelösten Gases in der Schmelze, D ist der Diffusionskoeffizient des Gases und r der Radius der Blase [10]. Die in Bild 5.4 angenommene Randbedingung (dc/dr = 0) bedeutet, dass kein Gastransport über die Grenzen des betrachteten Volumens stattfindet.

$$\frac{\partial c}{\partial t} = D\left[\frac{1}{r^2}\frac{\partial}{\partial r}\left(r^2\frac{\partial c}{\partial r}\right)\right] \tag{5.5}$$

Modell Gasdiffusionsgleichung

Dieser Gas-Massetransfer von der Polymerschmelze durch die Grenzschicht in die Blase definiert das diffusionsbasierte Blasenwachstum und wird durch das Modell von Han und Yoo (1981) beschrieben [10].

$$\frac{d}{dt}(P_D R^3) = \frac{6D(R_g T)(c_\infty - c_R)R}{-1 + \left\{1 + \frac{2/R^3}{R_g T}\left(\frac{P_D R^3 - P_{D0} R_0^3}{c_\infty - c_R}\right)\right\}^{1/2}} \tag{5.6}$$

Modell von Han und Yoo

P_{D0} ist der Ausgangsblasendruck, R_0 der Ausgangsradius und c_R die Konzentration des gelösten Gases in der Polymerschmelze und an der Blasenoberfläche. Die Konzentration steht dabei in folgender Beziehung, wobei δ die Dicke der Grenzschicht darstellt [10].

$$\frac{c_\infty - c}{c_\infty - c_R} = \left(1 - \frac{r-R}{\delta}\right)^2 \tag{5.7}$$

Modell Gaskonzentration

Im Laufe der Entwicklungen wurde das Schäum-Modul in Moldex3D verbessert, um die Temperatureinflüsse auf die Gaseigenschaften mit in die Berechnung zu integrieren. Hierzu wurden die Modelle zur Berechnung der Diffusion, der Löslichkeit und der Oberflächenspannung erweitert.

$$D = D_0 \exp\left(-\frac{E_D}{RT}\right)$$

Diffusions-Koeffizient (Gendron, 2004)
D_0: präexponentieller Faktor
E_D: Aktivierungsenergie für Diffusion

$$\sigma = \sigma_0 \left(1 - \frac{T}{T_C}\right)^{11/9}$$

Oberflächenspannung
(Guggenheim-Modell, Adam, 1941)
σ_0: konstant für jede Flüssigkeit und unabhängig von der Temperatur
T_C: kritische Temperatur

$$S = S_0 \exp\left(-\frac{H_S}{RT}\right)$$

Löslichkeits-Koeffizient (Gendron, 2004)
S_0: präexponentieller Faktor
H_S: Sorptionswärme

Bild 5.4 Modelle für Diffusion, Löslichkeit und Oberflächenspannung in Moldex3D [4] [Bildquelle: CoreTech System Co., Ltd.]

Schon mit dem Han-und-Yoo-Modell konnten der Blasendurchmesser und die Blasendichte auch für Sonderverfahren, wie z. B. das Schäumen mit Core Back, sehr gut abgebildet werden [12]. Mit dem modifizierten Han-und-Yoo-Modell wurde die Berechnung des Blasenwachstums noch weiter gesteigert. Real führt der Druckabfall zu einem Blasenwachstum. Steigt der Druck aber wieder, kann das Gas auch zurück in Lösung gebracht werden. Dieses Verhalten kann nun wesentlich präziser abgebildet werden, benötigt aber wesentlich längere Berechnungszeiten. Besonders beim Spritzgießen mit Core Back wird hier das reale Blasenwachstumsverhalten wesentlich präziser abgebildet.

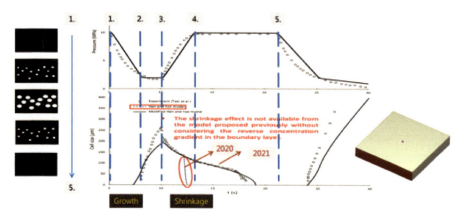

Bild 5.5 Modifiziertes Han-und-Yoo-Modell [13] [Bildquelle: CoreTech System Co., Ltd.]

Auch in Moldflow wird die Nukleierung, basierend auf einem gefitteten Nukleierungsmodell, berechnet. Für optimale Ergebnisse wird hier zuerst die Keimbildungsdichte experimentell ermittelt (siehe dazu die Grafik in Bild 5.6). Anschließend wird das Keimbildungsmodell an die tatsächliche Keimbildungsdichte aus experimentellen Versuchen angepasst. Die notwendigen Konstanten F_1 und F_2 werden so angepasst (gefittet), dass die Kurve im Simulationsmodell gut mit den experimentellen Werten übereinstimmt [14].

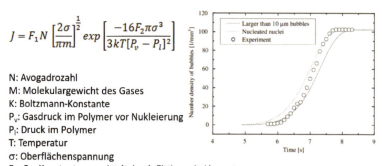

$$J = F_1 N \left[\frac{2\sigma}{\pi m}\right]^{\frac{1}{2}} exp\left[\frac{-16 F_2 \pi \sigma^3}{3kT[P_v - P_l]^2}\right]$$

N: Avogadrozahl
M: Molekulargewicht des Gases
K: Boltzmann-Konstante
P_v: Gasdruck im Polymer vor Nukleierung
P_l: Druck im Polymer
T: Temperatur
σ: Oberflächenspannung
F_1, F_2: Konstanten ermittelt durch Fitting mit Abmusterung

Bild 5.6 Nukleierungsmodell in Moldflow [8] [Bildquelle: Autodesk Inc.]

Das Modell berechnet die Keimbildungsgeschwindigkeit, also die Anzahl an Blasen, die beim Schaumspritzgießen pro Volumeneinheit und Zeit gebildet werden, in Abhängigkeit von den Prozessparametern (Druck und Temperatur) und verschiedenen Materialparametern. Das Ergebnis ist eine heterogene Keimbildung im Bauteil. Wird in Moldflow ein 3D-Modell verwendet, können die Nukleierung und das Zellwachstum schon während des Einspritzens berechnet werden. Bei einem zweidimensionalen Mittelflächennetz, bei dem die Bauteildicke als Wert im Netzelement definiert ist, startet die Nukleierung erst nach der Nachdruckphase.

Präzise Materialdaten sind notwendig, um neben der Zellnukleierung auch notwendige Daten wie Oberflächenspannung, Löslichkeit oder Diffusion des Gases berechnen zu können. Deutlich ist zu erkennen, dass Moldflow und Moldex3D (siehe Bild 5.5) hier sehr ähnliche bis gleiche Modelle verwenden. In den Materialparametern können in Moldflow – je nach Gas – Werte zu den notwendigen Koeffizienten hinterlegt werden (siehe Bild 5.17).

$D = d_1 e^{\left(\frac{d_2}{T}\right)}$ **Diffusions-Koeffizient**
d_1 und d_2 sind gefittete Konstanten

$\sigma = \sigma_0 \left(1 - \frac{T}{T_c}\right)^{11/9}$ **Oberflächenspannung**
σ_0: konstant für jede Flüssigkeit und unabhängig von der Temperatur
T_C: kritische Temperatur

$k = k_1 e^{\left(\frac{k_2}{T}\right)}$ **Löslichkeits-Koeffizient**
K_1 und k_2: gefittete Konstanten

Bild 5.7 Modelle für Diffusion, Löslichkeit und Oberflächenspannung in Moldflow [8] [Bildquelle: Autodesk Inc.]

Das Blasenwachstum folgt in Moldflow auch dem hydrodynamisch kontrollierten Wachstum und dem diffusionsbasierten Wachstum. Das hydrodynamische Wachstum entspricht der Formel in Moldex3D und wurde schon weiter oben beschrieben. Das Modell des diffusionsbasierten Wachstums wird in Formel 5.8 beschrieben:

$$\frac{d}{dt}\left(\frac{P_g R^3}{R_g T}\right) = \frac{6\rho^2 D \kappa_h R_g T (P_{g0} - P_g)^2 R^4}{PR^3 - PR_0^3} \tag{5.8}$$

Blasenwachstumsmodell in Moldflow [8]

Dabei sind P_g der Druck in der Blase, P der Schmelzedruck, σ die Oberflächenspannung, R_g die universelle Gaskonstante, R der Blasenradius und R_0 der Startblasendruck.

Auch in Cadmould ist die Strömung der Polymerschmelze mit dem Blasenwachstum gekoppelt. Das Modell für das Blasenwachstum beruht auf diversen Forschungsergebnissen, und wurde hinsichtlich einer numerischen Verarbeitung optimiert. Dem Modell liegen die Annahmen zugrunde, dass die Blasen kugelförmig sind und das Gas sich wie ein ideales Gas verhält. Das Blasenwachstum wird wie in Moldflow und Moldex3D durch die zwei Differentialgleichungen zur Berechnung des hydrodynamisch kontrollierten Wachstums und des diffusionsbasierten Wachstums ermittelt. Das hydrodynamische Wachstumsmodell ähnelt sehr stark den Modellen von Moldex3D und Moldflow [15].

$$\frac{dR}{dt} = \frac{1}{4\eta}((p_g - p_f)R - \sigma) \tag{5.9}$$

Modell zur Berechnung des hydrodynamischen Blasenwachstums in Cadmould [15]

Hierbei ist σ die Oberflächenspannung, P_g der Druck des Gases in der Blase, P_f der Druck der Schmelze außerhalb der Blase.

Zur Berechnung des diffusionsbasierten Wachstums verwendet Cadmould das gleiche Modell wie Moldex3D oder Moldflow. Eine Randbedingung dieses Modells zur Bestimmung der Gaskonzentration in der Blase ergibt sich aus dem Gesetz von Henry, das besagt, dass die Konzentration in der Blase linear mit dem Druck zusammenhängt [15].

$$c(R) = c_g = k_h p_g \tag{5.10}$$

Gesetz von Henry in Cadmould [15]

Hier ist c_g die Gaskonzentration in der Blase und k_h die Henry-Konstante für das Gas-Polymer-System. Die Kopplung des hydrodynamischen und diffusionsbasierten Zellwachstums erfolgt über das Gesetz von Gay-Lussac [15].

Cadmould verwendet ein Modell, bei dem die Nukleierungspunkte homogen in der Schmelze verteilt sind. Der Anwender kann die Anzahl an Keimen pro Volumeneinheit angeben. Einflüsse der Prozessparameter auf die Nukleierung werden somit bisher nicht berücksichtigt.

Ausgehend von der Dichte der Blasenkeime werden Elementarzellen gleicher Polymermasse erstellt. Es handelt sich also um eine Multiskalensimulation. Jeder Elementarzelle wird ein initialer geringer Blasendurchmesser zugewiesen. Sinkt nun der Druck der Schmelze unter den Gasdruck in der Blase, werden die Gleichungen für das Blasenwachstum und die Diffusion gelöst, und diese über die Kontinuitätsgleichung mit der Strömungsgleichung gekoppelt. Zudem wird der Transport der relevanten Gasdaten berechnet [16].

Alle Systeme können die Einflüsse der Strömung auf die Blasen nur unzureichend abbilden. So werden Blasen immer als Kugel angesehen, wobei real die Blasen durch den Strömungsvorgang gedehnt werden. Der Transport der Blasen in der Schmelze Richtung Schmelzefront – und daraus resultierend das Bilden von Schlieren an der Oberfläche – kann nicht berechnet werden. Der Einfluss kristalliner Bereiche oder Füllstoffe, die als Nukleierungshilfsmittel wirken und die Nukleierung verbessern, wird in der Simulation vernachlässigt. Auch das Verhalten von Füllstoffen, mehr Gas zu binden, kann nicht abgebildet werden [17].

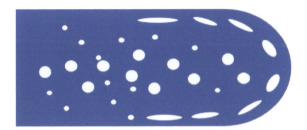

Bild 5.8 Gestreckte Blasengeometrien können nicht vorhergesagt werden [18] [Bildquelle: GK Concept GmbH]

5.3 Vernetzung/Modellaufbau

Die Simulation des Schäumprozesses erfordert für sehr akkurate Ergebnisse eine entsprechende Vernetzung, die das komplexe Verhalten von Druck und Temperatur als Einflussfaktoren auf das Schäumen berücksichtigt. Grundsätzlich ist zu empfehlen, das gesamte Modell in 3D aufzubauen. Das beinhaltet alle notwendigen Elemente, die den Druck und die Temperatur beeinflussen:

- Bauteil(e)
- Kaltkanal
- Heißkanaldüsen mit Nadel (Düse muss als Verschlussdüse definiert sein)
- Maschinendüse (inklusive Aggregatnadelverschlussdüse)
- Temperierkanäle
- Werkzeug

Um eine ausreichende Auflösung über der Wanddicke des Bauteils zu erreichen, wird empfohlen, ein Boundary-Layer-Mesh (BLM) mit mindestens 5 BLM-Layern zu verwenden. Bei einem BLM-Netz wird das Oberflächennetz, das meist aus Dreiecken besteht, mittels Prismen nach innen ins Bauteil erweitert. Die beiden Schichten aus Prismennetzen auf Ober- und Unterseite einer Wand werden im Kern durch Tetraeder miteinander verbunden. Mehr Layer am Rand verbessern die Auflösung, verlängern aber auch stark die Berechnungszeit.

Zusätzlich sollte ein Biasing der Vernetzung verwendet werden. Das bedeutet, dass die Dicke der Prismen am Rand dünner ist und zum Kern hin ansteigt (siehe Bild 5.9). Somit sind besonders gut sowohl die Schererwärmungseffekte als auch die kompakte Randschicht eines geschäumten Bauteils in der Simulation abzubilden.

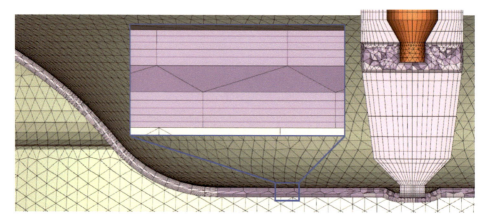

Bild 5.9 Vernetzung mit 5 BLM-Layern [Bildquelle: GK Concept GmbH]

Spritzgießwerkzeuge für das physikalische Schaumspritzgießen sind mindestens mit einem Heißkanal mit Nadelverschlussdüse ausgestattet. Entsprechend den Vorgaben für das Schaumspritzgießen sollte der Anschnitt ausreichend groß gewählt werden. Ein Heißkanal ist ein wesentlicher Druckverbraucher und hat einen entscheidenden Einfluss auf die Drucksituation und somit auf das Nukleierungs- und Aufschäumverhalten im Bauteil. Zudem ist es wichtig, den Heißkanal in der Simulation als Verschlussdüse zu definieren, damit er auch nach der Nachdruckphase geschlossen werden kann. Somit wird ein eventuelles Zurückfließen aus dem Bauteil in den Heißkanal unterbunden. Sind die geometrischen Informationen bekannt, sollte der Heißkanal so genau wie möglich abgebildet werden. Auf jeden Fall aber mit definierter Nadel. Wird über einen Kaltkanal angespritzt, muss an diesem auch die real anschließende Nadelverschlussdüse modelliert werden.

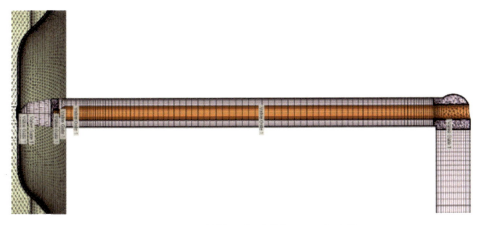

Bild 5.10 Heißkanal mit Nadel vernetzt [Bildquelle: GK Concept GmbH]

Eine weitere Komponente, die wesentlichen Einfluss auf die Druckverteilung im Bauteil hat, ist die verwendete Maschinendüse. Beim Schaumspritzgießen ist es notwendig, Verschlussdüsen zu verwenden, die an der Spitze des Plastifizieraggregats angebracht sind. Je nach Hersteller ist der Aufbau dieser Düsen mehr oder weniger komplex. Grundsätzlich wird die Schmelze aber durch mehrere Kanäle um die Nadel herum und an der Spitze wieder zusammengeführt. Je nach Aufbau ergibt sich ein entsprechendes Druckgefälle. Insofern ist es von Vorteil, diese Komponente auch in die Simulation zu übertragen, um das komplexe Druckgefälle so genau wie möglich abbilden zu können.

Heißkanal · Maschinendüse mit Nadelverschluss

Bild 5.11 Prinzipieller Aufbau einer Maschinen-Nadelverschlussdüse
[Bildquelle: GK Concept GmbH]

Das Blasenwachstum und die Stabilisierung der Blasen werden neben anderen Faktoren auch von der Temperatur beeinflusst. Oft werden Simulationen ohne modelliertes Werkzeug und Temperierkanäle, also mit konstanter Werkzeugtemperatur, gerechnet. Das mag bei flachen, einfachen Bauteilen eventuell keinen großen Fehler bei den Ergebnissen erzeugen. Aber sobald die Bauteilgeometrie komplexer wird, und eventuell noch Dickstellen vorhanden sind, sollte mit Temperierkanälen gerechnet werden. Nur so können Hot-Spots und eventuelle Gefahrenpunkte für Post-Blow erkannt werden. Dies kann sehr anschaulich an dem komplexen Aufbau eines Becherwerkzeugs in Bild 5.12 gezeigt werden.

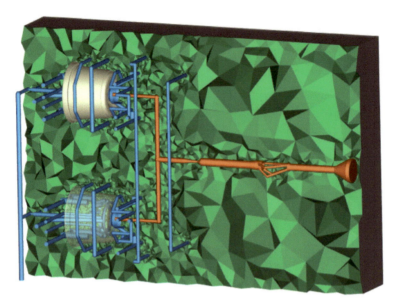

Bild 5.12 Komplexer Aufbau Simulationsmodell [Bildquelle: GK Concept GmbH]

Abschließend muss noch eine wesentliche Randbedingung für die Simulation gesetzt werden. Der Luftdruck vor der Schmelzefront beeinflusst real und in der Simulation das Aufschäumverhalten. Um gute Ergebnisse hinsichtlich kompakter Randschichten zu erhalten, ist es notwendig, mit **Entlüftung** zu rechnen. Wird eine Simulation ohne Entlüftung berechnet, nimmt die Software einen luftleeren Raum an. Es entsteht kein Gegendruck gegen die Schmelzefront. Als Ergebnis wird die Ausbildung der kompakten Randschicht nicht genau genug berechnet. Befinden sich eventuell Dünnwandbereiche am Ende einer Füllung, die ohne Entlüftungseinfluss durch die Gasexpansion gerade noch voll werden, kann bei Berechnung *mit* Entlüftung das Problem, dass an so einer Stelle ein Short-Shot stattfindet, besser identifiziert werden.

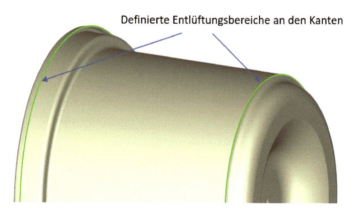

Bild 5.13 Entlüftungsbereiche definiert [Bildquelle: GK Concept GmbH]

5.4 Prozessparameter für die Simulation definieren

Prinzipiell ist es von Vorteil, vor einer Simulation des Schaumspritzgießens das gleiche Modell als Kompaktspritzguss durchzurechnen. Dadurch wird es ermöglicht, präzisere Informationen hinsichtlich Bauteilgewicht und Dichteverteilung im kompakten Bauteil zu erhalten. Oft schätzt man die Gewichtsreduktion ab, indem das Gewicht des kompakten Bauteils aus dem Bauteilvolumen und der kompakten Materialdichte aus dem Materialdatenblatt berechnet, mit dem Bauteilgewicht des simulierten, geschäumten Bauteils verglichen wird. Diese Vorgehensweise bringt als Ergebnis meist höhere Gewichtsreduktion als real erreichbar ist, da die kompakte Dichte nie gleichmäßig im gesamten Bauteil vorhanden ist. Das Potenzial vom Schaumspritzgießen, Einfallstellen, die Schließkraft, den Verzug und das Bauteilgewicht zu reduzieren, kann durch den Vergleich einer kompakten mit einer geschäumten Simulation wesentlich besser visualisiert werden.

Basierend auf den kompakten Spritzgussparametern kann beim Schäumen die Einspritzzeit 20–50 % schneller gewählt werden, um ein zu frühes Aufschäumen zu verhindern. Dies ist besonders bei der Verarbeitung von ungefüllten amorphen Kunststoffen von Vorteil für die Nukleierung.

Hinsichtlich der Nachdrucklänge wird ein Wert zwischen 0,1 s und 0,8 s gewählt. In einer realen Abmusterung kann die Gewichtsreduktion besser über die Nachdrucklänge geregelt werden. Besonders beim Spritzgießen von Dünnwandbauteilen (vgl. hierzu auch das Abschnitt 12.3) mit sehr kurzen Einspritzzeiten sollte ein Wert zwischen 0,1 s–0,2 s eingestellt werden, und repräsentiert die Schließzeit einer Nadelverschlussdüse. Auch bei Bauteilen mit sehr kleinem Volumen sollte die Nachdruckdauer gering sein. Andernfalls wird über den Nachdruck zu viel Material in die Kavität gedrückt, und man erhält trotz Schäumens ein kompaktes Bauteil. Oft wird bei Standard-Bauteilen ein Wert von 0,3 s–0,5 s eingestellt.

Bei realen Abmusterungen werden verschiedene Philosophien hinsichtlich Nachdruck vom Einrichter realisiert. Das reicht von 50 % vom Einspritzdruck, über 50 bar bis zu 0 bar an der Maschine als Nachdruck zu verwenden. In der Simulationssoftware sind Werte von 0 bar und 0 s nicht einstellbar. Wichtig an der realen Maschine ist aber, den Nachdruck nicht unter den kritischen Druck sinken zu lassen, damit kein zu frühes Aufschäumen stattfindet. D. h. bei N_2 nicht unter 34 bar, und bei CO_2 nicht unter 74 bar. Diesen grundsätzlichen Empfehlungen kann man auch in der Simulation folgen.

Manchmal wird real auch mit höheren Nachdrücken gearbeitet. Diese Werte in die Simulation zu übernehmen, sollte nur dann passieren, wenn man das Modell komplex mit Maschinendüse aufgebaut hat. Andernfalls wird der effektive wirksame

Druck in der Simulation wesentlich höher sein, als er sich real in der Kavität einstellt. Der dann in der Simulation falsche Druckverlustgradient führt zu starken Abweichungen hinsichtlich Nukleierung und Blasenwachstum.

Einer der wichtigsten Einstellparameter ist der **Punkt zum Umschalten auf Nachdruck**. Bei kompakten Simulationen wird dieser Wert meist auf „98 – 99 % Füllung der Kavität" eingestellt. Eines der wichtigsten Ziele der Simulation ist es, einen guten Umschaltpunkt zu erreichen, bei dem das Bauteil sowohl ausreichend schnell gefüllt wird, als auch gleichzeitig eine hohe Gewichtsreduktion erreicht werden kann. Hier ist es notwendig, den Umschaltpunkt zu variieren, und in mehrere Simulationen in kleinen Schritten zu reduzieren, bis ein optimaler Punkt gefunden wurde. Der Umschaltpunkt muss so gewählt werden, dass die Kavität am Ende des Schäumens zu 100 % gefüllt, aber nicht unnötig *überfüllt* wird. Meist liegt er zwischen 95 und 98 %. Hat man in dem Modell auch eine Spritzgießmaschine definiert, kann der Umschaltpunkt auch als Schneckenposition in mm eingegeben werden. Das ist hilfreich beim Nachsimulieren eines realen Prozesses oder auch als Vorgabe für eine kommende Abmusterung.

Je nachdem, ob man chemisch oder physikalisch schäumen möchte, muss die Startgaskonzentration eingestellt werden. Für das physikalische Schäumen werden real Werte zwischen 0,1 und 1,0 % je nach Material eingestellt. Prinzipiell ist es zielführend, mit einem mittleren Wert von 0,5 % zu starten.

Beim chemischen Schäumen wird die Annahme getroffen, dass die Zersetzungsreaktion des Treibmittels vollständig im Aggregat der Spritzgießmaschine stattgefunden hat, und das generierte Gas vollständig in der Polymermatrix gelöst und verteilt ist [19]. Insofern muss man die Dosierung des Treibmittelmasterbatches in der Software angeben. Zudem ist es in Moldex3D notwendig, anzugeben, welches Volumen an allen Gasen produziert wird, wenn 1 g Treibmittel vollkommen reagiert hat. Letztendlich muss noch angegeben werden, wie viel dieses gesamt produzierten Gases dem Hauptgas (CO_2 oder N_2) entspricht. Somit kann die Software die Treibmitteldosierung in der Schmelze berechnen.

Welches Hauptgas verwendet werden soll, ist in Moldex3D in den Computational-Parametern einzustellen. Zudem kann das Blasenwachstumsmodell ausgewählt werden. Das „Han-und-Yoo-Modell" ist aktuell der Standard. Das neuere und akkuratere Modell ist das „modifizierte Han-und-Yoo-Modell". Dieses benötigt aber wesentlich mehr Berechnungszeit. Erste Simulationen sollten folglich mit dem normalen Han-und-Yoo-Modell durchgeführt werden. Hat man alle Faktoren optimiert, kann es sinnvoll sein, eine abschließende Berechnung mit dem modifizierten Modell durchzuführen.

Je nachdem, ob man N_2 oder CO_2 als Treibmittel wählt, werden die notwendigen Parameter für Diffusion, Löslichkeit, Oberflächenspannung und Nukleierung von der Software angepasst. Der Wert S0 für die Gaslöslichkeit steht für die Henry-

Konstante und ist der Hauptkontrollfaktor für das Blasenwachstum. Ist der Wert kleiner, schäumen die Blasen leichter [20].

Diese Einstellungen werden in Moldex3D unabhängig vom verwendeten Polymer in der Software gesetzt. Ähnlich zu Moldex3D können in Moldflow auch je nach Gas entsprechende Parameter gesetzt werden, wobei es auch möglich ist, diese Parameter individuell in der jeweiligen Materialkarte zu definieren. Mangels realer Messwerte wird aber meist der Standarddatensatz verwendet.

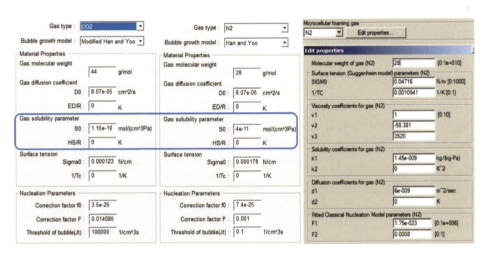

Bild 5.14 Vergleich Schäumparameter N_2 zu CO_2, links und Mitte: Moldex3D/rechts: Moldflow [Bildquelle links und Mitte: CoreTech System Co., Ltd./rechts: Autodesk Inc.]

Wie lange die Software den Schäumprozess berechnet, kann in Moldex eingestellt werden. Am besten sollte diese Berechnung so lange andauern, bis das Bauteil auf Entformungstemperatur abgekühlt ist. Somit wird ein Fixieren der geschäumten Struktur sichergestellt.

■ 5.5 Ergebnisse und Interpretation

Die Simulation bietet die Möglichkeit, potenzielle Schwachstellen der Bauteilgestaltung und Werkzeugauslegung zu erkennen, sodass diese bereits im Vorfeld der Werkzeugerstellung eliminiert werden können. Besondere Bedeutung kommt der balancierten Formteilfüllung zu, da es sonst zu unvollständiger Füllung, zu Dichteunterschieden und zur Reduktion des Gewichtseinsparungspotenzials kommen kann.

Ziele und Ergebnisse einer qualifizierten Simulation sind:
- Auslegung Anspritzpunkte
- Füllverhalten inklusive möglicher Imbalancen, Fließgeschwindigkeiten
- Fließweglänge
- Bindenähte, Lufteinschlüsse
- Ermittlung Umschaltpunkt
- Spritzdruck
- Schließkraft
- Kühlzeit
- Schwindung und Verzug
- Blasengrößenverteilung
- Zelldichteverteilung
- Dichteverteilung
- Gewichtsreduktion

Je länger die Fließwege und je dünner die Wanddicke am Fließwegende, desto mehr Druck wird für das Füllen der angussfernen Bereiche benötigt. Es kann erst spät umgeschaltet werden, und das Gewichtsreduktionspotenzial wird deutlich vermindert. Damit wird klar, dass den Faktoren Fließweglänge, Wanddicke am Fließwegende und Umschaltpunkt eine große Bedeutung für die erreichbare Gewichtsreduktion zukommt.

Mithilfe der Simulation kann die optimale Anschnitt-Position für eine möglichst balancierte Füllung gefunden werden. Eine Anspritzung mittels Nadelverschlussdüse direkt auf das Bauteil ist für den Schäumprozess am günstigsten. Der Nadeldurchmesser sollte dabei gegenüber dem Kompaktspritzguss ca. 30–50 % größer ausgelegt werden, um Oberflächenfehler aufgrund der hohen Einspritzgeschwindigkeit und der damit einhergehenden hohen Scherrate zu vermeiden. Das größte Potenzial für Gewichtsreduktion erreicht man, wenn das Bauteil aus der Mitte heraus gleichmäßig gefüllt werden kann, und zum Umschaltpunkt umlaufend um die Schmelzefront noch ein ungefüllter Restbereich der Kavität vorhanden ist, der aufgrund des kurzen verbleibenden Fließweges mit dem niedrigen Schäumdruck gefüllt werden kann.

Das Füllen eines Bauteils von „dünn nach dick" ist für den Schäumprozess zu bevorzugen. Die geringe Wanddicke am Fließweganfang erzeugt einen höheren Druckgradienten, der ein zu frühes Aufschäumen verhindert. Liegen Dünnwandbereiche am Fließwegende, kühlt das Bauteil dort schnell ab, und der Expansionsdruck reicht am Fließwegende nicht mehr aus, um das Bauteil mit der gewünschten Gewichtsreduktion zu füllen.

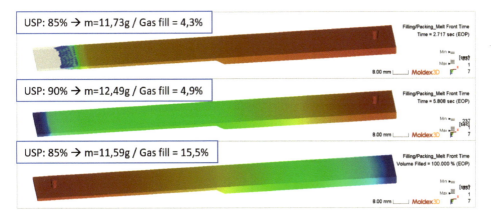

Bild 5.15 Unvollständige Füllung bei Anspritzung im Dickbereich (t_i = 0,5 s; USP = 85%) [Bildquelle: GK Concept GmbH]

Sind in diesem Fall auch noch *Bindenähte* am Fließwegende vorhanden, muss der maximale Druck, der sich in der Bindenaht ergibt, kontrolliert werden. In einer Bindenaht, die nur durch den Expansionsdruck des Gases gebildet wird, sind die Drücke zum Verschweißen der Bindenaht wesentlich niedriger als in der Nachdruckphase des Kompaktspritzgusses. Bei korrekter Auslegung des Bauteils und des Prozesses sind ausreichend hohe Drücke zu erreichen. Ist die Wanddicke in der Bindenaht aber zu dünn, werden eventuell zu niedrige Drücke im Prozess erzeugt, und als Folge müssen der Umschaltpunkt oder die Nachdrucklänge vergrößert werden, um in der Bindenaht höhere Drücke zu erreichen. Diese beiden Maßnahmen reduzieren das Gewichtsreduktionspotenzial. Gerade in solchen risikobehafteten Bereichen, wie Bindenähten in Dünnstellen am Fließwegende, ist es zielführend, mit Entlüftung zu simulieren, um alle Einflussfaktoren zu berücksichtigen.

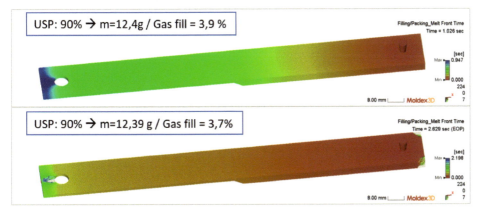

Bild 5.16 Oben: ohne Entlüftungseinfluss, unten: mit Entlüftungseinfluss = Short-Shot [Bildquelle: GK Concept GmbH]

Wie zuvor erwähnt, ist eine direkte Anspritzung auf das Bauteil zu bevorzugen. Nicht immer ist dies realisierbar und zur Anspritzung wird ein Kaltkanal verwendet. Ein Kaltkanal hat oft einen negativen Einfluss auf das MuCell®-Potenzial, da Teile des Gases schon im Kaltkanal aus der Schmelze ausdiffundieren und nicht mehr im Bauteil für die Expansion zur Verfügung stehen. Auch beim Anspritzen in zu dickwandigen Bereichen ist dieses Verhalten zu erkennen. Anhand des Ergebnisses Gas-Volume-Fraction, welches das Volumen der Blasen bezogen auf das gefüllte Volumen zeigt, kann dieses Verhalten beurteilt werden. Eine höhere Einspritzgeschwindigkeit kann das frühzeitige Ausgasen reduzieren.

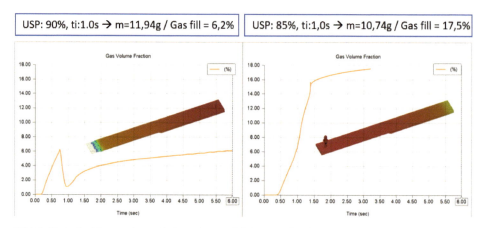

Bild 5.17 Aufschäumen je nach Anspritzung [Bildquelle: GK Concept GmbH]

Ziel ist es, zu evaluieren, welche **Gewichtsreduktion**, basierend auf Bauteil, Anspritzung, Material und Prozess, realisierbar ist. Dazu muss ein Umschaltpunkt (USP) gewählt werden, der alle Faktoren hinsichtlich Füllung, Entlüftung und Drücke in Bindenähten berücksichtigt. Dies kann nicht automatisiert durchgeführt werden, und erfordert die Variation des Umschaltpunktes in den Simulationsparametern. Ausgehend von einem klassischen Umschaltpunkt von 98 % ist es oft zielführend, beim Schäumen mit 97 % USP zu starten, und danach den Wert in Schritten zu reduzieren.

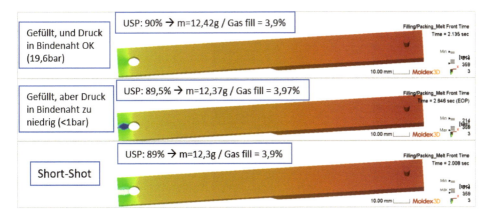

Bild 5.18 Evaluierung des Umschaltpunktes [Bildquelle: GK Concept GmbH]

Werden die kompakte und die geschäumte Simulation mit gleicher Einspritzzeit durchgeführt, kann sehr einfach die **Reduktion des Einspritzdrucks** durch die Viskositätserniedrigung beurteilt werden. Im gezeigten Fall in Bild 5.19 wurde bei einer Einspritzzeit von 0,5 s eine Reduktion des Einspritzdrucks um 9 % realisiert. Meist sind Reduktionen bis zu 15 % machbar. Wichtig ist, dass man Druckspitzen am Fließwegende verhindert, da diese das Aufschäumen reduzieren.

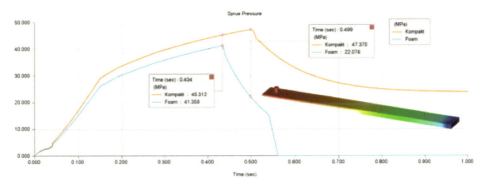

Bild 5.19 Einspritzdruck-Reduktion [Bildquelle: GK Concept GmbH]

Bei korrekter Auslegung und geeigneter Bauteilgeometrie sind mit dem physikalischen Schäumen sehr große **Schließkraftreduktionen** zu erreichen. So wurde im Beispiel Bild 5.20 die Schließkraft um 59 % reduziert. Prinzipiell sind Schließkraftreduktionen von 20 – 30 % immer realisierbar. Dünnstellen und/oder Bindenähte reduzieren aufgrund des notwendigen höheren Einspritzdrucks das Potenzial zur Schließkraftreduktion.

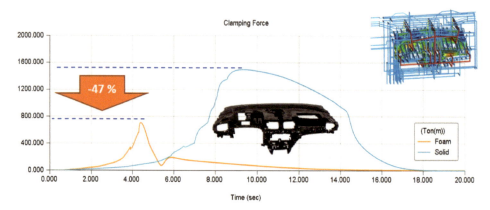

Bild 5.20 Schließkraftreduktion am Beispiel Carrier [Bildquelle: GKC]

Das Ergebnis **Blasendurchmesser** stellt den mittleren Blasendurchmesser pro Volumeneinheit dar. Höhere Werte weisen auf größere Blasen in dem untersuchten Bereich hin. Bild 5.21 verdeutlicht den Einfluss der Auflösungsgenauigkeit auf die Blasendurchmesserverteilung über der Dicke. Nur mit 10 BLM war es möglich, sogar die kompakte eingefrorene Randschicht gut abzubilden.

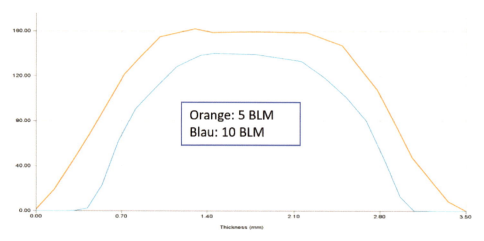

Bild 5.21 Blasendurchmesser über der Bauteildicke je nach BLM [Bildquelle: GK Concept GmbH]

Meist sind die Durchmesser im Kern des Bauteils größer, und auf der Oberfläche entsprechend klein. Kleine Durchmesser zwischen 5 – 100 µm sind anzustreben. Blasendurchmesser über 150 µm können einen negativen Einfluss auf die Festigkeit haben. Der Blasendurchmesser sollte immer in Kombination mit der Zelldichte und der Bauteildichte evaluiert werden.

Das Ergebnis **Zelldichte** gibt die Anzahl an Blasen pro Volumeneinheit dar. Die Zelldichte wird von der Höhe des gelösten Gases und dem Druckabfall beeinflusst. Auch hier sollte an der Oberfläche der Wert klein sein. Typische Werte liegen zwischen 106 – 109 Zellen/cm³. Bereiche mit einer niedrigen Zelldichte, aber großem Blasendurchmesser sind Anzeichen für die Bildung von größeren Blasen. Dies sollte auch mit einer niedrigen Bauteildichte in diesem Bereich korrelieren. Anzustreben ist eine hohe Zelldichte in Kombination mit einem kleinen Blasendurchmesser. Bereiche mit niedriger Zelldichte und niedrigem Blasendurchmesser sowie hoher Bauteildichte sind prinzipiell als *kompakt* zu definieren.

Die **Dichteverteilung** zeigt das Potenzial der Gewichtsreduktion. Der Vergleich der Dichteverteilung zwischen einem kompakten und einem geschäumten Bauteil sieht meist so aus wie in Bild 5.22:

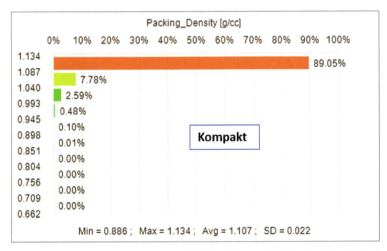

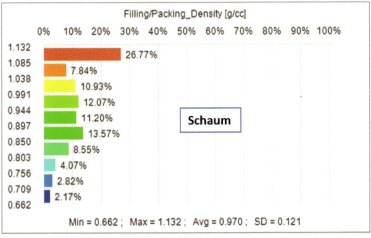

Bild 5.22 Vergleich Dichteverteilung kompakt zu geschäumt [Bildquelle: GK Concept GmbH]

Wie schon zuvor erwähnt, ist auch im kompakten Bauteil immer eine Dichteverteilung vorhanden. Im geschäumten Bauteil allerdings sind im Vergleich dazu die reduzierten kompakten Anteile und die sich ergebende Dichteverteilung im Schaum deutlich zu erkennen. Eine hohe Auflösung der Simulation über der Bauteilwanddicke ist meist erst ab 10 BLM zu erreichen. So können die Unterschiede zwischen kompakt und Dichtereduktion in geschäumten Bereichen sehr gut analysiert werden.

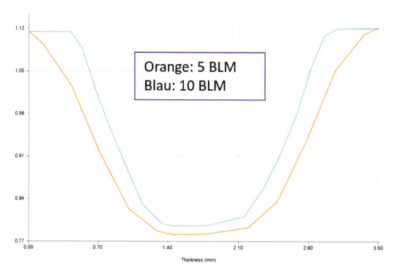

Bild 5.23 Dichteverteilung über der Bauteildicke je nach BLM [Bildquelle: GK Concept GmbH]

Besonderes Augenmerk muss auf Bauteilbereiche mit sehr hoher Dichtereduktion gelegt werden. Bild 5.24 zeigt ein dickwandiges Bauteil mit einer Rippe. Im Rippengrund haben sich in der Abmusterung entsprechende Lunker gebildet, die auch zu einem Bauteilversagen geführt haben. In der Simulation konnte hier lokal eine ungewöhnlich starke Dichtereduktion ermittelt werden.

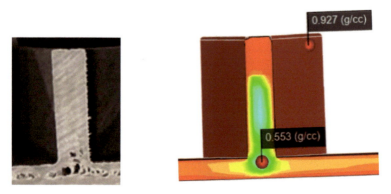

Bild 5.24 Bruchgefahr durch Lunkerbildung [Bildquelle: GK Concept GmbH]

Essenziell für die Berechnung von Einfallstellen und Deformation bzw. Verzug ist gerade beim Schäumen eine korrekte Berechnung der volumetrischen Schwindung. Seit Moldex3D 2020 werden die volumetrische Schwindung und der Verzug über die Solid State Properties berechnet. Auch die Ergebnisgenauigkeit von MuCell®-Berechnungen konnte somit verbessert werden. Bild 5.25 zeigt die Schaumverteilung im Querschnitt eines Bauteils.

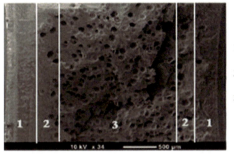

1 - kompakte Randschicht

2 - äußerer geschäumter Bereich

3 – innerer geschäumter Kern

Bild 5.25 Gescannter Querschnitt eines geschäumten Bauteils [21]
[Bildquelle: CoreTech System Co., Ltd./SimpaTec GmbH]

Die äußeren kompakten Bereiche zeigen aufgrund der gefrorenen kompakten Randschicht eine geringere volumetrische Schwindung. Dagegen weisen die äußeren geschäumten Bereiche eine höhere volumetrische Schwindung auf, da sehr wenige Zellen in dieser Schicht vorhanden sind. Der geschäumte Kern zeigt aufgrund des größeren Blasendurchmessers und der höheren Zelldichte eine geringere Schwindung. Dieses Verhalten kann in Moldex3D gut abgebildet werden.

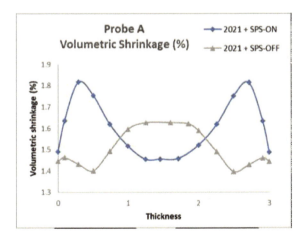

Bild 5.26 Volumetrische Schwindung eines geschäumten Bauteils mit SPS über der Dicke [21]
[Bildquelle: CoreTech System Co., Ltd./SimpaTec GmbH]

Die Möglichkeit, **Einfallstellen** durch Schäumen zu reduzieren, kann am besten im Vergleich mit dem kompakt simulierten Bauteil bewertet werden. Oft sind Reduktionen von 30 bis 50 % zu erreichen.

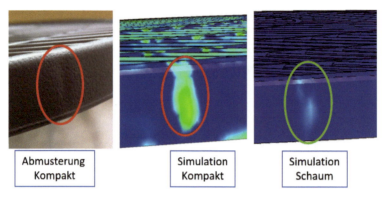

Bild 5.27 Reduktion Einfallstellen [Bildquelle: GK Concept GmbH]

Ein großer Vorteil des Schäumens ist meist die **Reduktion des Bauteilverzugs**. Ein Hauptgrund von Verzug ist eine heterogene Schwindung im Bauteil, verursacht durch die Kombination aus eingefrorenen Spannungen im Bauteil durch ungleichmäßige Nachdruckwirkung, Glasfaserorientierung und Orientierungen der Polymerketten.

Durch den Schäumprozess wirkt überall im Bauteil der gleiche Expansionsdruck. Die lokale volumetrische Schwindung ist wesentlich homogener. Spannungen und Verzug können reduziert werden. Eine Gewichtsreduktion von mindestens 5 % ist notwendig, um in ungefüllten oder mineralgefüllten Polymeren die Spannungen zu eliminieren.

Wird der Verzug durch den Glasfaseranteil bestimmt, hängt die Möglichkeit, ihn zu eliminieren, von der Wanddicke und der erreichbaren Gewichtsreduktion ab. Mindestens 8 % Gewichtsreduktion müssen erreicht werden, um einen positiven Einfluss auf den Verzug zu erreichen. Über 1,5 mm Wanddicke kann der Fasereinfluss reduziert, und erst ab 2,5 mm Wanddicke kann der Fasereinfluss eliminiert werden.

Wird der Prozess korrekt aufgebaut, können heute mittels Simulation sehr gute Abbildungsgenauigkeiten erreicht werden. So lag im Beispiel Bild 5.28 die Differenz zwischen Abmusterung und simuliertem geschäumten Bauteil bei ca. 0,2 %.

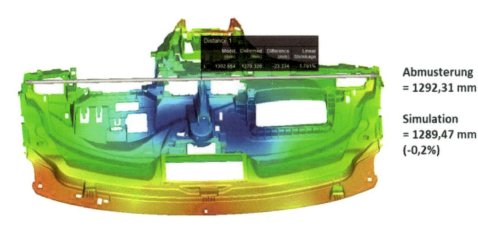

Bild 5.28 Vergleich Deformation zwischen Abmusterung und Simulation [Bildquelle: GK Concept GmbH]

Auch beim chemisch geschäumten Bauteil in Bild 5.29 lagen die Abweichungen zwischen Abmusterung und simuliertem Bauteil in den meisten Bereichen unter 0,15 mm.

Bild 5.29 Abweichung zwischen CT-Scan und Simulation an einem chemisch geschäumten Bauteil [Bildquelle: GK Concept GmbH]

Literatur

[1] Xu, J.: Microcellular Injection Molding, Hoboken, New Jersey: John Wiley & Sons, Inc., 2010

[2] Trexel, „Richtlinien für die Füllbildsimulation von MuCell Artikeln mit Moldflow", Trexel, 2009

[3] Ding, Y., Hassan, M. H., Bakker, O., Hinduja, S., Bartolo, P.: „A Review on Microcellular Injection Moulding", *Materials*, (2021), p. 4209

[4] NN, „D02-02-001 Foam Injection Molding Theory and verification instructions", CoreTech System, 2019

[5] „Moldex3D Help 2021 – 4. Mathematical Models and Assumptions". URL: *http://support.moldex3d.com/2021/en/7-6-4-4_mathematicalmodelsandassumptions.html*, Zugriff am: 20.04.2022

[6] „Moldflow Help 2021 – Viscosity model for Microcellular injection molding", Autodesk. URL: *https://help.autodesk.com/view/MFIA/2021/ENU/?guid=MoldflowInsight_CLC_Ref_Materials_sim_math_models_Viscosity_model_for_html*, Zugriff am: 20.04.2022

[7] Wang, J.: „Rheology of Foaming Polymers and Its Influence on Microcellular Processing", 2009. URL: *https://tspace.library.utoronto.ca/bitstream/1807/19107/3/Wang_Jing_200911_PhD_thesis.pdf*, Zugriff am: 10.05.2022

[8] Shaayegan, V.: „Autodesk University 2015 – Experiments and Simulations Related to Microcellular Injection Molding". URL: *https://www.autodesk.com/autodesk-university/class/Experiments-and-Simulations-Related-Microcellular-Injection-Molding-2015#presentation*, Zugriff am: 21.04.2022

[9] Kishbaugh, L., Lankisch, S. H. T.: „Autodesk University 2014 – Simulation of the MuCell® Microcellular Foaming Process in AMI 2016". URL: *https://www.google.com/url?sa=t&rct=j&q=&esrc=s&source=web&cd=&cad=rja&uact=8&ved=2ahUKEwinqauI8tT3AhX5Q_EDHc5oDCIQFnoECAQQAQ&url=https%3A%2F%2Fd1ozhi4p59900.cloudfront.net%2Ffiles%2Furn%3Aadsk.content%3Alibrary%3A78756fcf-e6f3-4184-abdd-04afc0337a02%2Fd9*, Zugriff am: 21.04.2022

[10] Shiu, T.-Y., Chang, Y.-J., Huang, C.-T., Chang, C.-H., Chang, R.-Y., Hwang, S.-S.: „COMPARISON OF DYNAMIC FOAMING BEHAVIOR IN MICROCELLULAR INJECTION MOLDING PROCESS FROM SIMULATION AND EXPERIMENT", CoreTech System

[11] Wang, M.-L., Chang, R.-Y., Hsu, C.-H.: Molding Simulation – Theory and Practice, München: Carl Hanser Verlag, 2018

[12] NN, „NUMERICAL SIMULATION AND EXPERIMENTAL VERIFICATION IN CELL NUCLEATION AND GROWTH WITH CORE-BACK FOAM INJECTION MOLDING", CoreTech System, 2014

[13] „What's New Moldex3D Release 2021 R3", CoreTech System, 2021

[14] „Moldflow Help 2021 – Fitted Classical Nucleation model", Autodesk. URL: *https://help.autodesk.com/view/MFIA/2021/ENU/?guid=MoldflowInsight_CLC_Ref_Materials_sim_math_models_Fitted_Classical_Nucleation_html*, Zugriff am: 20.04.2022

[15] Webelhaus, K., Padsalgikar, A.: „Spritzgießen von gasbeladenen Kunststoffen simulieren", *Kunststoffe*, (2003), pp. 58–60

[16] Kriescher, A.: „Simulation des Thermoplastschaumspritzgießens mit Cadmould", Würselen, 2022

[17] Pichler, P.: Modeling and Simulation of Microcellular Foams, Linz: Johannes Kepler Universität Linz – IPPE, 2016

[18] Kühne, S.: „Simulation of the Microcellular Foaming Process", in Moldflow User Meeting, 2015

[19] NN, „Foam Injection Molding Version: 2020 Reseller", CoreTech System, 2020

[20] NN, „Step-by-Step practice Model: FAIM", CoreTech, 2020

[21] Klaus, M.: „Einstellungen für Warpage in Foam Injection Molding in Moldex3D 2020", 2021

[22] Wong, A., Guo, H., Kumar, V., Park, C.: „Microcellular Plastics", 2016. URL: *https://www.researchgate.net/publication/306118015_Microcellular_Plastics*, Zugriff am: 21.04.2022

6 Polymere für das Schaumspritzgießen

■ 6.1 Einleitung

Das physikalische Schaumspritzgießen ist bekanntermaßen mit jeder Art von Polymer möglich, da die inerten Treibfluide wie Stickstoff oder auch Kohlendioxid in keine Wechselwirkung mit dem Kunststoff treten. Sowohl in der Forschung als auch in der Industrieanwendung wurden unzählige Versuchsreihen mit den unterschiedlichsten Polymeren gefahren, um herauszufinden, wie sich auf effiziente Art und Weise qualitativ hochwertige Bauteile produzieren lassen.

Für den Konstrukteur bzw. Entwickler der Kunststoffbauteile geht es jedoch, bevor die Produktion gestartet werden kann, in erster Linie um die mechanischen Kennwerte und das Materialverhalten der geschäumten Polymere. Liegen ihm diese nicht vor, ist das Risiko in der Bauteilstrukturauslegung sehr hoch oder teilweise sogar zu hoch, was dann das Ausschusskriterium für TSG bedeutet. Leider geht die Polymerchemie auf diesen Missstand nur unzureichend und zögerlich ein! Zu einer Datenbank wie z. B. Campus, in der für den Teilekonstrukteur die Polymerdaten zur Konstruktion von kompakten Teilen zur Verfügung gestellt werden, gibt es nichts Vergleichbares für geschäumte Bauteile. Argumentiert wird dieser Zustand dahingehend, dass geschäumte Bauteile jeweils etwas Einzigartiges mit Bezug auf ihr Materialverhalten darstellen. Eine nicht haltbare These! Im Zweifelsfall sind daher eigene Versuchsreihen zur Ermittlung der nötigen Materialkennwerte auch heute noch selbst durchzuführen.

Grundlegende Untersuchungen zu den für den Konstrukteur nötigen Kennwerten wurden bereits vor über 10 Jahren in einem AiF-Vorhaben veröffentlicht [1]. Ebenso findet man viele Informationen zu Kennwerten im Buch von Altstädt und Mantey [2], welches im gleichen Zeitraum erschienen ist. Diese Kennwerte basieren alle auf den bekannten Prüfkörpergeometrien für Kompaktkunststoffprüfkörper, und wurden auch nach den dafür geltenden Normen ermittelt. Spricht man aber mit erfahrenen TSG-Anwendern aus der Kunststoffindustrie, so zeigt sich sehr schnell, dass die aus solchen Versuchsreihen ermittelten Werte in der Regel nicht die Wirklichkeit am fertigen TSG-Bauteil widerspiegeln. Die durch die Wissenschaftler ermittelten Kennwerte liegen niedriger!

6.2 Prüfkörper

Allgemein werden die Prüfkörper zum Themenbereich physikalisches Schaumspritzgießen bis heute seitens der Wissenschaftler alle aus Plattengeometrien hergestellt, die sich an den genormten Dicken der bekannten Probekörper orientieren. Hierbei wird scheinbar der Einfluss der fehlenden Randschichten an den Stirnseiten der Probekörper unterschätzt, ebenso wie die auftretenden Kerbwirkungen bei der Herstellung der Probekörpergeometrie aus der Platte. Last but not least beruhen die Untersuchungen auf Probekörperformen, die für den Kompaktspritzguss genormt wurden und dafür aussagekräftige Daten und Kennwerte ergeben. Aber passt das auch für TSG-Bauteile? Sicherlich nicht, denn die Schaumstruktur plus Randschichtdicke variiert erheblich mit der Dicke der geschäumten Bauteile. Ein typisches physikalisch geschäumtes Bauteil ist dünnwandig, was beim kompakt gespritzten Formteil eher weniger vorkommt. Das bedeutet, dass die mechanischen Kennwerte für TSG eine Abhängigkeit von ihren Dicken haben, im Gegensatz zum Kompaktteil.

In der Automobilindustrie ist dieses Wissen bekannt und man stellt in der Regel Prüfkörper her, die der Bauteildicke entsprechen. Auch werden die aus dem Kompaktspritzguss typischen Probekörpergeometrien nicht exakt übernommen, sondern modifiziert.

Zur Lösung dieser enorm wichtigen Fragestellung wurde Mitte 2021 ein Projekt von der NMB GmbH beantragt, mit Namen „Anwendungsgerechte Ermittlung mechanischer Kennwerte für Thermoplast-Schaumspritzguss-Formteile". Das Projekt ist für zwei Jahre geplant, wobei langfristig eine Datenbank erarbeitet werden soll, die dann sukzessive mit den nötigen material- und geometrieabhängigen Daten gefüllt wird.

Auch wenn damit nun klar wird, dass die von der Wissenschaft zur Verfügung gestellten Daten keine direkt brauchbaren Werte für den Konstrukteur liefern, so lassen sich dennoch viele qualitativ interessante Zusammenhänge erkennen. Darüber soll im Folgenden eingegangen werden, wobei wir uns dabei hauptsächlich auf eine Auswertung des oben genannten AiF-Vorhabens [1] konzentrieren.

Zugversuch/Biegeversuch

Die häufigste Belastung der meist flächigen Kunststoffbauteile sind Zug und Biegung. Daher wurden für die Ermittlung der entsprechenden Kennwerte die Zugversuche nach DIN EN ISO 527 sowie die Biegeversuche nach DIN EN ISO 178 erarbeitet.

Durchstoßversuch

Für die schlagartige Belastung der Kunststoffteile wurde der Durchstoßversuch nach DIN EN ISO 6603-2 gewählt.

Kriechverhalten

Die für das Langzeitverhalten charakteristischen Kriechversuche wurden nach DIN EN ISO 899-1 durchgeführt.

6.3 Einfluss der Integralschaumstruktur auf die Kennwerte

Die Haupteinflussgrößen der Schaumstruktur sind bekannt als Randschichtdicke, mittlerer Zelldurchmesser der Schaumblasen sowie die Bauteildichte. Als Polymermaterialien wurden ein amorphes Polycarbonat (PC) sowie ein teilkristallines Polybutylenterephthalat (PBT) gewählt. Die für die Darstellung des Einflusses der Schaumstruktur auf die mechanischen Eigenschaften notwendigen Variationen der Integralschaumstruktur wurden durch Variation verschiedener Prozessparameter mit einem speziellen Werkzeug erzielt.

Im Folgenden zeigen wir die Auswertungen des Einflusses der Schaumstruktur auf die Zugeigenschaften sowohl von PC als auch von PBT.

Im Bild 6.1 sieht man, dass die mittlere Bauteildichte des PBT stark seine Zugeigenschaften prägt. Mit steigender Bauteildichte steigen sowohl das E-Modul als auch die maximalen Spannungen an. Naturgemäß spielt die Randschichtdicke für die Bruchdehnung die herausragende Rolle, während der Einfluss auf E-Modul und maximale Spannungen ebenfalls gegeben ist. Der mittlere Zelldurchmesser hingegen ist von eher untergeordneter Bedeutung.

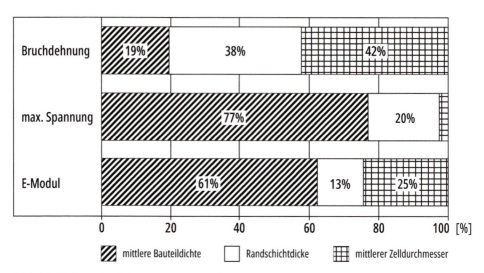

Bild 6.1 Einfluss der Schaumstruktur von PBT unter Zugbeanspruchung [Bildquelle: IKV Aachen [1]]

Kommen wir nun zum Bild 6.2, dem Einfluss der Schaumstruktur auf die Zugeigenschaften von PC. Die Zellgrößen haben keinen Einfluss auf die maximalen Spannungen und so gut wie keinen Einfluss auf das E-Modul. Tendenziell sieht es jedoch für beide Werte ähnlich wie beim PBT aus, mit aber einem höheren Einfluss der Randschichtdicke. Die Bruchdehnung hingegen ist maßgeblich von der mittleren Bauteildichte beeinflusst.

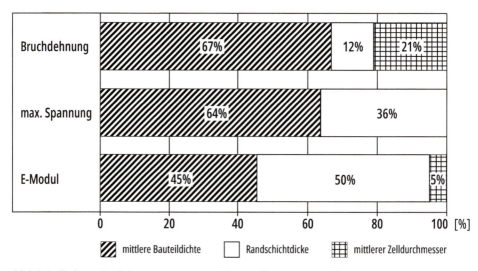

Bild 6.2 Einfluss der Schaumstruktur von PC unter Zugspannung [Bildquelle: IKV Aachen [1]]

Wenden wir uns nun mit gleicher Systematik den Auswertungen für PC und PBT im 3-Punkt-Biegeversuch zu. Bild 6.3 zeigt die Verteilung des Einflusses der Schaumstruktur auf die mechanischen Eigenschaften unter Biegebeanspruchung. Signifikant ist der Einfluss der Randschichtdicke auf das E-Modul. Dagegen bestimmen die maximale Spannung und die Bruchdehnung die mittlere Bauteildichte des Spritzkörpers.

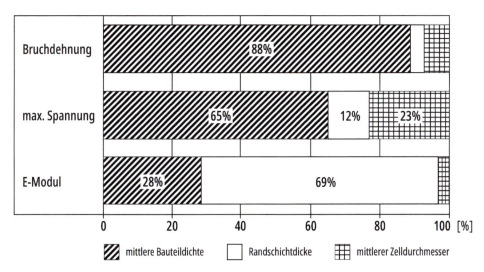

Bild 6.3 Einfluss der Schaumstruktur von PBT unter Biegebeanspruchung
[Bildquelle: IKV Aachen [1]]

Vergleichen wir nun das Bild 6.3 mit dem Bild 6.4, so sind hier durchaus größere Ähnlichkeiten vorhanden, bis auf den erheblichen Einfluss der Randschichtdicke auf die Bruchdehnung. Zusammenfassend kann man sagen, dass der mittlere Zelldurchmesser nur einen sehr geringen Einfluss ausübt. Das E-Modul kann durch eine gesteigerte Randschichtdicke erhöht werden, die maximale Spannung primär durch die mittlere Bauteildichte.

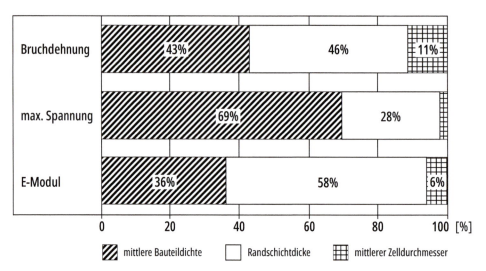

Bild 6.4 Einfluss der Schaumstruktur von PC unter Biegebeanspruchung
[Bildquelle: IKV Aachen [1]]

Für die Durchstoßversuche ergab sich keine so anschauliche Darstellung der Ergebnisse, wie wir sie gerade in Bild 6.1 bis Bild 6.4 zeigen konnten. Teilweise (beim PBT) konnten nicht einmal eindeutige Zusammenhänge zwischen der unterschiedlichen Schaumstruktur und den Kennwerten des Durchstoßversuches gesehen werden, aufgrund zu hoher Schwankungen der Versuchsdaten. Zumindest beim PC lässt sich qualitativ festhalten, dass die Randschichtdicke einen starken Einfluss hat, auch bei einer niedrigen Dichte im Kernmaterial.

Als letzten Punkt wollen wir mit ähnlicher Systematik auf die Kriecheigenschaften bzw. den Einfluss verschiedener Parameter auf die Kriechgeschwindigkeit eingehen.

Wie in Bild 6.5 dargestellt, liegt der Haupteinfluss auf die Kriechgeschwindigkeit in der mittleren Bauteildichte, aber auch die Randschichtdicken sowie die mittleren Zellgrößen spielen eine wichtige Rolle. Dieses sowohl beim PC als auch beim PBT. Um die Kriechgeschwindigkeit zu senken, also das Kriechverhalten zu verbessern, ist eine höhere mittlere Bauteildichte erfolgversprechend.

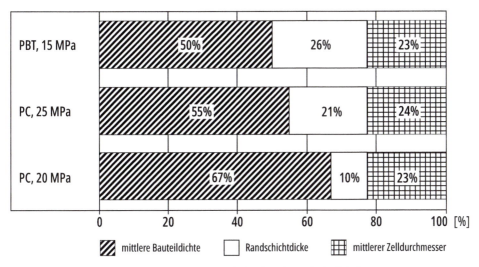

Bild 6.5 Einfluss verschiedener Parameter auf die Kriechgeschwindigkeit
[Bildquelle: IKV Aachen [1]]

■ 6.4 Gezielte Veränderung der Eigenschaften der Schaumpolymere

Vielleicht fragen Sie sich als Leser, warum wir im Kapitel für Polymere auf den „Einfluss der Schaumstruktur auf die mechanischen Kennwerte" eingehen? Die Antwort ist einfach: Anders als beim Kompaktspritzguss, hat der Anwender beim physikalischen Schaumspritzgießen die Möglichkeit, sich für ein gleiches Polymer oder Compound die Kennwerte in einer gewissen Bandbreite mittels Produktionsparametern selbst zu optimieren bzw. einzustellen!

 TSG bietet die einzigartige Möglichkeit, sich die mechanischen Kennwerte des eingesetzten Polymers/Compounds in gewisser Bandbreite selbst zu optimieren.

Im Zusammenhang mit der topologischen Optimierung der im Zeitpunkt der Bauteilentwicklung zu beachtenden Krafteinflüsse liegt hier für den Konstrukteur ein wichtiges Werkzeug vor. Den Einfluss der Prozessparameter haben wir im Kapitel 3.4 behandelt, wo er im Bedarfsfall nachzulesen ist.

6.5 Polymere

Zurück zum eigentlichen Thema, den Polymeren. Ein kurzer, einfacher Überblick hinsichtlich des Aufbaus der thermoplastischen Polymere soll hier den Einstieg zu den „gut für den Schäumprozess" geeigneten Kunststoffen erleichtern. Die Grundeinheit der Polymere besteht aus **Monomeren**, einem reaktionsfähigen Molekül, welches sich zu molekularen Ketten oder anderen Gebilden zusammenschließen kann.

Homopolymere bestehen aus einer Wiederholeinheit eines gleichen Monomers.

Copolymere sind aus zwei oder verschiedenen Monomeren zusammengesetzt, wobei es dadurch möglich wird, in gewissem Rahmen gezielte Produkteigenschaften zu komponieren. Dieser Umstand macht die Copolymere zu einem ersten, interessanten Partner für den physikalischen Schaumspritzguss.

Polymerlegierungen bestehen aus mindestens zwei chemisch nicht miteinander verknüpften, aber mischbaren Copolymeren und weisen in ihrem Volumen gleiche physikalische Eigenschaften auf. Polymerlegierungen sind der am häufigsten anzutreffende Polymerwerkstoff bei TSG-Anwendungen. Der Grund liegt in der einfachen Art, solche Kunststoffe schlagzäh zu modifizieren, oder z. B. auch Warmformbeständigkeit und Steifigkeit zu verbessern. Alles Eigenschaften, die für die Anwendung von Kunststoffen sowohl im Innenbereich als auch im Außenbereich von PKW von größtem Interesse sind.

Polymerblends werden oft mit den Polymerlegierungen begrifflich gleichgestellt. Das ist falsch: Die Polymerblends umfassen auch Gemische, die sich im thermodynamischen Gleichgewicht nicht mischen lassen und innerhalb des Gemisches koexistierende Phasen ausbilden. Eben solche Blends sind für TSG ungeeignet.

Kristalline oder teilkristalline Polymere sind ebenso für den physikalischen Schaumspritzguss geeignet wie amorphe Kunststoffe. Die wichtigsten teilkristallinen Polymere dafür finden wir im Bereich des Polypropylens (PP) sowie der Polyamide (PA).

Anbei nun eine kleine Aufzählung der bisher für den physikalischen Schaumspritzguss am häufigsten eingesetzten Kunststofftypen inklusive ihrer Markennamen. Diese Aufzählung entstammt der Kenntnis über reale Bauteilproduktionen. Sie nimmt nicht für sich in Anspruch, vollständig zu sein, und soll auch bitte nicht als Werbung gesehen werden, da auch andere Hersteller vergleichbare Polymere in ihrem Portfolio bereitstellen.

- PP mit Glasfasern: Hostacom G(2/3) N01; GB 311 U-8229
- PP mit Talkum: Finalloy HXN 86; Folyfort FPP T20; Fibermod WE 380
- PA mit Glasfasern: Technylstar S218 GF30; Durethan BKV30 H2.0 EF; Durethan BKV50 H2.0 EF; Ultramid B3WG6 SF; Grilon BG50 S

- PBT/ASA GF20: Ultradur S4090 G4
- POM: Hostaform C9021 XAP 2

Da wir in unserem Buch anwenderorientiert vorgehen, werden wir auch nicht tiefer in die Chemie der Polymere einsteigen. Aber wiederum hilfreiche Informationen aus der Praxis, wie Tabelle 6.1 über erprobte und in der Industrie umgesetzte Beispiele, können helfen, eigene Produktideen für den Einsatz von TSG zu benchmarken.

Tabelle 6.1 Beispieltabelle für Bauteile aus dem Bereich Automotive inklusive Material [Quelle: Trexel GmbH]

Material	Bauteil	Zuordnung
PA66 GF30	Bürstenplatte	Motor + Unterboden
PP T20	Heckklappenverkleidung	Interior
PA66 GF30	Zargen und Lüfter	Motor + Unterboden
TPU	Anschlagdämpfer	Funktionsteil
PP T16	Airbagabdeckungen	Interior
PA66 GF35	Ventilhaube	Motor + Unterboden
PP GF	Sitzlehne	Interior
PP T20	Mittelkonsole Seitenbeplankung (L+R)	Interior
PP T20	Mittelkonsole Träger	Interior
PP T16	Kartentasche	Interior
PP T20;	Luftkanal	Funktionsteil
ABS ungefüllt	Türverkleidung	Interior
PP GF10 T20	Scheinwerfergehäuse	Exterior
PA6 GF	Elektronikgehäuse	Funktionsteil
PP GF	Elektronikgehäuse	Funktionsteil
PA6 GF30	Luftfiltergehäuse	Motor + Unterboden
PA66 GF35	Ventilhauben	Motor + Unterboden
PA6 GF15	Kabelkanäle	Funktionsteil
PBT/ASA GF30	Schiebedachrahmen	Exterior
PP GF30	Schlossgehäuse und Schlossdeckel	Funktionsteil
PBT GF30	Schlossgehäuse und Schlossdeckel	Funktionsteil
POM	Schlossgehäuse und Schlossdeckel	Funktionsteil
PP GF30	Batteriegehäuse und diverse Elektronikhalter	Motor + Unterboden
PP T20	Handschuhkastendeckel	Interior

Material	Bauteil	Zuordnung
ABS ungefüllt	Türbrüstung	Interior
PP T20	Türbrüstung	Interior
PP T20	Elektronikgehäuse Wegfahrsperre	Funktionsteil
ABS GF17	Bedienblenden folienhinterspritzt	Interior
PP GF20	Instrumententafelträger	Funktionsteil
PP T20	Unterboden	Motor + Unterboden
PP GF30	Scheinwerfergehäuse	Exterior
TPE	Anschlagdämpfer	Funktionsteil
PC/ABS	Displayrahmen	Interior
PA6 GF35	Spule umspritzt	Motor + Unterboden
PP T20	Mittelkonsole Luftkanal	Interior
PC/ABS	Mittelkonsole Abdeckung Klappe (L+R)	Interior
PA 6 GF30	Mittelkonsole Rahmen Ablagefach	Interior
PP LGF	Türträger	Interior
PP T10	Luftansauggehäuse + Flansch	Motor + Unterboden
PA 6 GF35	Ventildeckel (Familienwerkzeug: Deckel + Innenteil)	Motor + Unterboden
ABS	Türmodul	Interior
PA GF 30	Motorabdeckung	Motor + Unterboden
PP	Entfrosterkanal	Interior
PP GF	Displayträger	Interior

■ 6.6 Polypropylen (PP)

Das teilkristalline Polypropylen ist relativ kostengünstig einzukaufen und besitzt neben guten mechanischen Eigenschaften auch gute Prozesseigenschaften. Das PP mit seinem niedrigen spezifischen Gewicht profitiert speziell für den Leichtbau vom zusätzlichen physikalischem Schäumen. Durch die verbesserten mechanischen Eigenschaften des Polypropylens aufgrund von zusätzlichen Füllstoffen, wie z. B. Talkum, oder durch Zugabe von Glasfasern, steigt auch die Schäumbarkeit dieser Engineering-Werkstoffe erheblich. Alle diese Zusatzstoffe wirken sehr vorteilhaft als zusätzliches heterogenes Nukleierungsmittel. Beispiele für geeignete Typen siehe in Abschnitt 6.5.

Die Erfahrung zeigt, dass TSG mit ungefülltem Homo-PP oder Co-PP nur schwer möglich ist. Die Schaumstruktur tendiert zu stark inhomogenen Zelldurchmessern, was letztendlich zu ungenügenden mechanischen Werten und damit zu ungenügender Bauteilqualität führt.

Das für das Schäumen bestimmte Polypropylen ist in der Regel ein mit Füllstoffen modifiziertes PP. Die am meisten eingesetzten Modifizierungsstoffe sind hierbei Nukleierungsmittel und Klärungsmittel. Klärungsmittel verbessern die Transparenz von PP. Der dabei in der PP-Schmelze ablaufende Prozess wirkt positiv auf die Nukleierung der Schaumzellen mit sehr guter homogener Verteilung.

■ 6.7 Polyamide (PA)

Bereits aus Tabelle 6.1 geht die Bedeutung von PA neben dem PP für den physikalischen Schaumspritzguss hervor. Polyamide sind generell physikalisch einfach zu schäumende Kunststoffe. Vorausgesetzt, die Vorgaben für eine gute Trocknung des Materials wurden eingehalten. Die Temperaturen und Trocknungszeiten entsprechen hier denjenigen, die uns für den Kompaktspritzguss bekannt sind. Ohne Vortrocknung ist der Polymerschaum aufgrund zu großer Blasen unbrauchbar.

Der Einsatz von typischerweise mit Glasfasern modifiziertem PA erbringt hervorragende Bauteilqualitäten, mit exzellenter Schaumstruktur, auch aufgrund der wiederum als Nukleierungsmittel dienenden Kurzglasfasern sowie eingesetzter Modifizierungsstoffe.

■ 6.8 Polyoxymethylen (POM)

Das POM mit seiner hochkristallinen Struktur steht für sehr gute mechanische Werte bei hoher Temperaturbeständigkeit. Der Werkstoff hat eine hohe Steifigkeit, ohne dabei zu Sprödigkeit zu neigen. POM gibt es als Homopolymer und auch als Copolymer, wobei das Copolymer aufgrund seines chemischen Aufbaus besser für das Schäumen geeignet ist.

6.9 Polycarbonat (PC)

Als typischen Vertreter aus der Gruppe der amorphen Polymere findet man das Polycarbonat auch im Bereich des physikalischen Schäumens wieder. Der Vorteil der amorphen Polymere liegt im größeren Prozess-Verarbeitungsfenster, verglichen mit den teilkristallinen Polymeren. Auch unterscheidet sich generell die Schaumstruktur, die bei amorphen Kunststoffen eine dickere Randschicht ausbildet, zusätzlich sind die Zellen homogener in ihrer Verteilung mit kleinerem Durchmesser. Alles in allem ein Vorteil für den Schaumspritzguss.

Wie beim PA jedoch auch, muss beim PC unbedingt eine *Vortrocknung* erfolgen. Ansonsten reagiert das Polymer im Schmelzezustand und vermindert sein Molekulargewicht. Dies führt dann zu ungewollten Verschlechterungen der mechanischen Kennwerte.

6.10 Nukleierungsmittel

Wer das Buch bis hierher gelesen hat, weiß, dass die heterogene Nukleierung die entscheidende Rolle bei der Blasen- oder Zellbildung spielt. Die wirksamen Nukleierungsmittel lassen sich einteilen in:

- Verunreinigungen im eingesetzten Matrixpolymer
- Phasengrenzen in Legierung/Blends
- Füll- und Verstärkungsstoffe in Partikelform

Verunreinigungen im Matrixpolymer sind nicht erwünscht und scheiden von daher als aktive Beigabe zur vermehrten Zellbildung aus. Sie sollen aber dennoch erwähnt werden. Phasengrenzen an bestimmten Legierungen oder geeigneten Blends sind ebenfalls erwähnenswerte Nukleierungsmittel, sind jedoch abhängig von der Legierung und können nicht in großem Maße verändert werden, ohne dass der Charakter der Legierung sich ändert.

Verbleiben die Füll- und Verstärkungsstoffe: Solche „Füller" sind in der Regel inerte Substanzen, die, wenn sie in das Polymer eincompoundiert wurden, die physikalischen Eigenschaften des Materials verändern und/oder die Materialkosten reduzieren. Typische Eigenschaftsänderungen dabei sind z.B. ein reduziertes Schwindungsverhalten, verbesserte Festigkeiten oder auch ein optimiertes Bruchverhalten. Aber auch die Form der Füller kann in Bezug auf die Wirksamkeit der Nukleierung eine Rolle spielen, denkt man an runde Füllstoffe, an die Form kleiner Plättchen oder derartige in Flake-Form.

Da die Füller sowohl die maßgeschneiderten Eigenschaften des Matrixpolymers als auch die Nukleierung und damit die Schaumgüte des finalen Bauteiles beeinflussen, kann dieses Thema nur in enger Abstimmung mit der Polymerchemie final diskutiert werden. Daher sollen im Folgenden lediglich einige wichtige Füllstoffe genannt werden. Alle haben dabei jedoch einen positiven Einfluss auf die Zellnukleierung und damit auf die Schaumgüte!

6.10.1 Organische Füllstoffe

Typische bekannte organische Füller sind Holzspäne oder auch Kohlenstoff, weitläufig auch als Carbon Black bekannt. Kohlenstoff wird in vielen Polymeren als Farbpigment eingesetzt, und wirkt als ausgezeichnetes Nukleierungsmittel beim physikalischen Schaumspritzgießen.

6.10.2 Anorganische Füllstoffe

Die große Gruppe der anorganischen Füllstoffe schöpft aus den Bereichen Silicat, Talkum, Metall und mineralische Füllstoffe, wie z.B. Kalziumcarbonat. Der bekannteste Füllstoff im Falle eines PP-Matrixpolymers ist das Talkum. Einige Prozente an unterschiedlicher Zugabe von Talkum in das Matrixpolymer können den Unterschied ausmachen zwischen unbrauchbarem, grobzelligem Schaum im Spritzteil, oder dem gewünschten mikrozellulären Schaum im Spritzteil.

6.10.3 Fasern

Ebenso wie bei den Füllstoffen teilt man die Fasern in organische Fasern sowie anorganische Fasern auf. Die Fasern werden in der Regel als Verstärkungsstoffe eincompoundiert. Die größte Rolle spielen hier die Glasfasern, die dem anorganischen Bereich zuzuordnen sind. Glasfaserverstärkte Polymere kommen auch beim TSG zum Einsatz und haben sich als sehr gut schäumbare Materialien herausgestellt. Die Fasern befinden sich immer innerhalb der Blasen- bzw. Zellwände. Außerdem unterliegen die Fasern in der Regel keiner Orientierung, da sie sich in den Zellwänden um die Blasen herumlegen. Ein weiterer Vorteil für die Bauteilfestigkeit.

Literatur

[1] AiF-Vorhaben Nr. 15010N: Charakterisierung spritzgegossener thermoplastischer Schäume. IKV Aachen, 2009
[2] Altstädt, V., Mantey, A.: Thermoplast-Schaumspritzgießen, München: Carl Hanser Verlag, 2011
[3] Xu, J.: Microcellular Injection Molding, New York: John Wiley & Sons, 2010

7 Maschinenbauliche Grundlagen der Schaumspritzgießmaschine

■ 7.1 Einleitung

Wer hier eine generelle Einführung in den Spritzgießmaschinenbau erwartet, der sei bitte auf die vielfältige Literatur zu diesem Thema verwiesen. Empfehlen möchten wir hier ein umfassendes praxisorientiertes Lehrwerk von Johannaber [1] oder Pötsch und Michaeli [2].

Da wir uns weiterhin in diesem Buch auf den physikalischen Schaumspritzguss konzentrieren, soll auf das chemische Verfahren nur insoweit eingegangen werden, als dass die zur Produktion notwendigen Sonderbauteile bzw. Baugruppen der Spritzgießmaschine genannt werden: Für den chemischen Schaumspritzguss ist prinzipiell jede Spritzgießmaschine geeignet, die für eine Farbmasterbatchproduktion ausgerüstet ist. Das chemische Treibmittel wird über das Dosiergerät dem Matrixpolymer zudosiert, und in einer Standard-Mischschnecke plastifiziert und homogenisiert. Da die derart aufbereitete Schmelze unter Druck steht, ist eine Verschlussdüse zwingend notwendig, ebenso wie eine Lagepunktregelung – was übrigens beides auch für den physikalischen Spritzguss gilt. Abhängig von dem zu verarbeitenden Compound können höhere Einspritzgeschwindigkeiten sowie höhere Beschleunigungen der Einspritzbewegung zu Qualitätsverbesserungen am finalen Bauteil führen. All diese Punkte werden in den späteren Unterkapiteln im Detail erklärt und beschrieben.

Kommen wir allein auf den physikalischen Spritzguss, für den neben der besonderen Ausrüstung der Spritzgießmaschine auch noch zusätzliche Peripherie für die Gasgrundversorgung (meist Stickstoff, seltener Kohlendioxid) notwendig wird. Je nach Verfahren kommen dann noch Gasdosierstationen, Druckschleusen oder Autoklaven hinzu.

Damit erhöht sich natürlich auch die Komplexität des Prozesses, aber lassen Sie uns nun Schritt für Schritt die einzelnen Baugruppen einer Spritzgießmaschine durchleuchten, um die besonderen Anforderungen des Schaumspritzgießens zu erkennen, um dann danach die Anforderungen an die Maschinenkonstruktion zu formulieren.

7.2 Schließeinheit

Die Anforderungen an Plattenparallelität, Durchbiegung und Festigkeiten für eine Schaumspritzgießmaschine sind absolut vergleichbar mit denjenigen einer Spritzgießmaschine für das Kompaktverfahren. Dabei ist jedoch zu beachten, dass mit dem TSG ein *Niederdruckverfahren* vorliegt! Das bedeutet, dass die für die Plattendurchbiegung grundlegenden Werte erheblich niedriger sind als die Werte, die der Konstrukteur als Randbedingung zur Auslegung einer Spritzgießmaschine für den Kompaktspritzguss vorsieht.

Zur Veranschaulichung sei hier auf Bild 7.1 verwiesen: Mit „a" (orange) ist hier der Bereich für den Kompaktspritzguss aufgezeigt, unter „b" (grün) findet man die Niederdruckverfahren, unter anderem auch den Schaumspritzguss TSG. Ohne in die Detailberechnung einer Plattendurchbiegung zu gehen, ist eine rein qualitative Aussage schnell machbar: Auf der einen Seite ist der zur Berechnung der Plattendurchbiegung notwendige Wert der Kräfte – in Abhängigkeit vom auf der Aufspannfläche zu befestigenden Werkzeug – dem Diagramm zu entnehmen. Dieser Wert ist auch im schlechtesten Falle um den Faktor 2,5 niedriger als beim Kompaktspritzgießen. Auf der anderen Seite hängt die Plattendurchbiegung, neben anderen Parametern, auch von der Geometrie der Plattendicke sowie den Längen zwischen den Säulen ab.

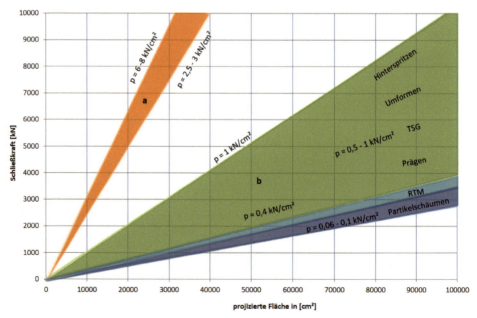

Bild 7.1 Schließkraft in Abhängigkeit von der projizierten Fläche
[Bildquelle: KraussMaffei Technologies GmbH]

Das führt dann im Endeffekt dazu, dass derjenige Spritzgießer, der sich auf TSG fokussieren möchte, Maschinen kaufen sollte, die eine wesentlich niedrigere Schließraft bei gleichen Aufpannmaßen besitzen, als sie standardmäßig angeboten werden. Oder aber er kauft Maschinen mit gleichen Schließkräften, aber wesentlich größeren Aufspannplatten. In jedem Falle eine erheblich geringere Investition für den Produktionsbetrieb. Dies führt dann natürlich auch zu geringeren Kostensätzen bei dennoch gleichen qualitativen Voraussetzungen hinsichtlich der Plattendurchbiegung, womit die Teilegenauigkeit im Endprodukt gesichert wäre.

Es gibt jedoch immer Betriebe, die nicht hinreichend Aufträge für TSG im Hause haben, sodass sich keine Vollaufzeiten für die TSG-Maschinen abbilden lassen, und zusätzliche Kompaktteile gespritzt werden müssen. Dennoch sollte man langfristig dahingehend denken, dass sich TSG als zweiter Standard neben dem Kompaktspritzguss etablieren wird – was dann sicherlich zur Vollauslastung von TSG-Maschinen führt.

Die Auslegung der TSG-Maschine sollte nach erforderlicher Schließkraft **und** den maximal notwendigen Plattenaufspannmaßen für das Werkzeug geschehen. Das Resultat sind eine geringere Investition und geringere Teilekosten.

Es gibt viele Anbieter von Spritzgießmaschinen, die in ihrem Sortiment Baureihen mit verschiedenen Größen an Aufspannplatten bei gleicher Schließkraft anbieten. Als Beispiel sei hier die Engel duo Maschinenbaureihe genannt. Hier gibt es bei 700 t Zuhaltekraft die „duo", die „duo WP" sowie die „duo WPX". Nehmen wir hier den sogenannten lichten Holmabstand als maßgebliche Größe, so zeigen die mm-Werte in der Darstellung „horizontal x vertikal" doch schon erhebliche Unterschiede auf:

duo	1100 x 960
duo WP	1190 x 1020
duo WPX	1440 x 1190

Eine solche Differenzierung ist jedoch für Spritzgießmaschinen mit Schließkräften unterhalb 600 t eher unüblich. Von daher muss man als Produktionsverantwortlicher leider meist einen kostentreibenden Kompromiss eingehen. Von daher eignen sich dann für das TSG-Verfahren eher holmlose Spritzgießmaschinen, da die Plattenaufspannmaße nicht auch noch durch die Holme begrenzt sind.

Bild 7.2 Holmlose Spritzgießmaschine mit TSG-Option [Bildquelle: Engel Austria GmbH]

 Lassen Sie sich vom Spritzgießmaschinenhersteller den zu Ihrem Werkzeug geeigneten optimalen lichten Holmabstand ausrechnen. Vergessen Sie dabei bitte nicht, auch nach der Plattendurchbiegung zu fragen. Erst danach entscheiden Sie sich für die zu Ihrer Produktion passende Spezifikation der Schließeinheit.

Die geschilderten Zusammenhänge zwischen der Maschinenschließkraft und der lichten Weite zwischen den Maschinenholmen sind sowohl beim Standard-TSG-Verfahren mit Teilfüllung des Werkzeuges wichtig, als auch beim TSG-Verfahren mit Öffnungsbewegung und vorhergehender Füllung der Kavität. Bei dieser zweiten Variante startet der Schäumvorgang mit dem Öffnungshub der Schließeinheit. Dies bringt natürlich zusätzlich Anforderungen an die Präzision sowie an die Dynamik der Schließeinheit.

Wie aus Bild 7.3 ersichtlich, ist es notwendig, in diesem Falle die Druckkissen geregelt zu öffnen, und dabei die Präzision der parallelen Öffnungsbewegung mittels Sensorik und Steuerungssoftware zu überwachen. Die Vorteile liegen hierbei im geringeren Verschleiß des Werkzeugs sowie in einer besseren Bauteilqualität.

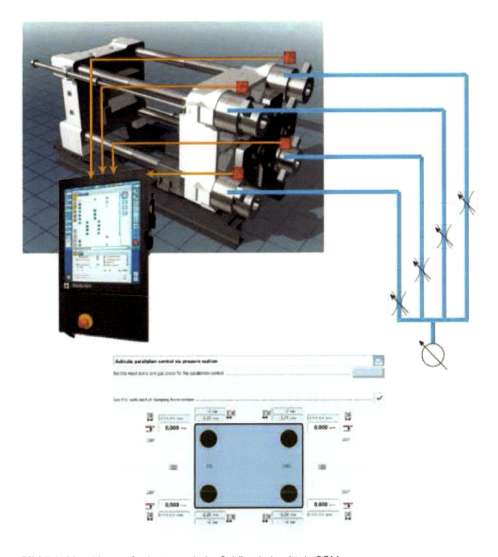

Bild 7.3 Maschinenanforderungen beim Schäumhub mittels SGM
[Bildquelle: KraussMaffei Technologies GmbH]

■ 7.3 Einspritzeinheit und Plastifizierung

Die Plastifizierung, das „Herzstück" der Spritzgießmaschine, ist deren wichtigste Baugruppe. Gerade beim Schaumspritzgießen sollten wir uns jedoch auch einige Bemerkungen zur Einspritzeinheit erlauben, da die Dynamik der Bewegung der Schnecke einen unmittelbaren Einfluss auf die Schaumbildung ausübt.

Wir beginnen mit dem Blick auf die Schnecke und der Analyse der bekannten Schneckengeometrien: Die ersten Produktionsanlagen waren in der Industrie mit einer 28 L/D langen Plastifizierung ausgerüstet. Man beachtete die allgemein gültige Erkenntnis, dass zur Plastifizierung und guten Homogenisierung eines Thermoplastkunststoffs mindestens eine Geometrie einer Standard Drei-Zonen-Schnecke von 20 L/D notwendig ist. Die restlichen 8 L/D waren dann zum Einmischen des Treibfluides vorgesehen. Wohl auch auf Druck der Maschinenbauer wurde jedoch schnell versucht, die Plastifizierung – und damit die Gesamtlänge der Spritzgießmaschine – zu verkürzen. Bauraum kostet nicht nur Standfläche beim Maschinenbetreiber. Nein, bei vielen Maschinenbaureihen war es ohne aufwendige Neukonstruktion des Maschinenrahmens nicht möglich, das Spritzaggregat um 8 L/D „nach hinten" zu versetzen. Auch dieser Umstand verteuerte die Spritzgießmaschine.

Da jedoch das Schussgewicht bzw. die Plastifizierleistung bei TSG nicht der limitierende Faktor war, sondern das Hauptaugenmerk auf der richtigen Wahl einer möglichst großen Werkzeugaufspannplatte mit den zugehörigen niedrigen Schließkräften lag, wagte man sich in der Konstruktion an eine Schnecke mit 24 L/D Länge. Dies war dann für viele Jahre der Standard und Stand der Technik im Markt. Die Schneckengeometrie begann vom Einfüllschacht aus gesehen mit einer 17,5 L/D langen Drei-Zonen-Geometrie, um dann mit einer 8,5 L/D langen Mischstrecke zu enden.

Man erkennt in Bild 7.4 sehr schön, dass es sich aufgrund der hohen Steigung der Geometrie in diesem Bereich um eine Mischschnecke handelt, die große Längsmischeigenschaften aufweist – ähnlich einer Entgasungsschnecke, die aber auch aufgrund der Stegunterbrechungen distributives Mischen unterstützt. Ebenfalls gut sichtbar sind die zwei Sperrringe. Der eine an der Schneckenspritze, der andere zum Beginn der Mischgeometrie. Analysiert man diese Geometrie im Detail, ergeben sich folgende Erkenntnisse:

- Die Einzugs- und Aufschmelzstrecke ist mit 17,5 L/D zu kurz, um Thermoplaste hinreichend homogen zu plastifizieren.
- Aufgrund der unzureichenden Aufschmelzleistung kommt es zu Verschleißproblemen am ersten Sperrring. Dieser trägt zu einer Restplastifizierung der bis dahin ungenügend aufgeschmolzenen Granulate bei.
- In der Mischstrecke soll das überkritische Fluid in das plastifizierte Matrixpolymer zum Einphasengemisch eingearbeitet werden. Optimal für eine solche Aufgabe ist eine Kombination aus distributiven und dispersiven Mischelementen. Die Konstruktion sieht dies aber nicht vor (siehe oben).

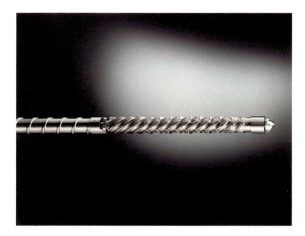

Bild 7.4 Mischgeometrie einer TSG-Schnecke [Bildquelle: Trexel GmbH]

Vergleicht man diese Aussagen mit Erfahrungen aus Spritzgießbetrieben, so ergeben sich Übereinstimmungen zu den beiden erstgenannten Punkten. Die ohne dispersive Mischelemente ausgelegte Mischstrecke scheint hingegen die nötige Performance zu erreichen, jedoch wird hierzu ja ein recht großes L/D-Verhältnis benötigt. Erklären lässt sich das dadurch, dass die längere Verweilzeit aufgrund der guten Längsmischeigenschaften hier zum Erfolg führt.

Nach diesen Erkenntnissen wurde bei dem Spritzgießmaschinenhersteller Yizumi/China gemeinsam mit Trexel/USA eine geänderte Schnecke entwickelt, um all die genannten Probleme zu eliminieren. Bild 7.5 zeigt die neue Schnecke (unten) im Prinzipbild im direkten Vergleich zur ursprünglichen Standardschnecke (oben) von Trexel.

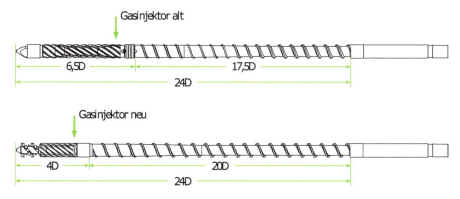

Bild 7.5 Neuentwicklung einer TSG-Schnecke mit verbesserten Eigenschaften [Bildquelle: Yizumi Germany GmbH]

Die Eckpunkte des neuen Designs waren wie folgt:

- Eine Aufschmelzstrecke vergleichbar einer 20 L/D Standard-Drei-Zonen-Schnecke zur Erzielung einer ausreichend homogenen Thermoplastschmelze.
- Die Gesamtlänge sollte wie bei der alten Schnecke bei 24 L/D bleiben.
- Die Durchsatzleistung sollte steigen.
- Auch gefüllte Kunststoffe sollten wie beim Kompaktspritzguss zu verarbeiten sein.
- Die Güte der Mischstrecke sollte mindestens vergleichbar zur ursprünglichen Geometrie der alten Schnecke liegen.

Wie nun Bild 7.6, Bild 7.7 und Bild 7.8 zeigen, wurden sämtliche Ziele mit wirklich herausragenden Ergebnissen erreicht. Dies bereits basierend auf dem ersten Schneckenlayout, ohne die späteren Optimierungsschleifen in der Entwicklung zu berücksichtigen.

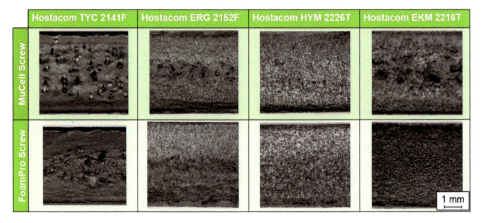

Bild 7.6 Vergleichende Schaumstrukturen, produziert jeweils mit der alten Trexel Standardschnecke bzw. neuen Schnecke mit Materialien von LyondellBasell [Bildquelle: Yizumi Germany GmbH und LyondellBasell Industries B. V.]

Beginnen wir mit einer Darstellung der Integralschaumstrukturen verschiedener PP-Typen von LyondellBasell: Die Homogenität der Blasenstruktur der mit der neuen Schnecke von Yizumi Germany produzierten Integralschäume ist erkennbar besser als die Struktur der mit der alten Standardschnecke von Trexel gefertigten Schäume. Da eine möglichst homogene Schaumstruktur auch zu positiveren mechanischen Eigenschaften führt, liegt hiermit ein wichtiges erstes Etappenziel der Entwicklung vor.

Auch das Dosierverhalten der neuen Schnecke im Vergleich zur alten Standardschnecke konnte erheblich gesteigert werden. Wie die Auswertung der Tabelle in Bild 7.7 zeigt, wurde z. B. ein Bauteil mit dem typischen Teilegewicht von 143 g um in der Regel 25 % schneller aufdosiert beim Einsatz der neuen Schnecke (FP), im Gegensatz zur alten Standardschnecke (MC). Das zweite Entwicklungsziel der Durchsatzsteigerung konnte insofern ebenfalls eindrucksvoll gezeigt werden.

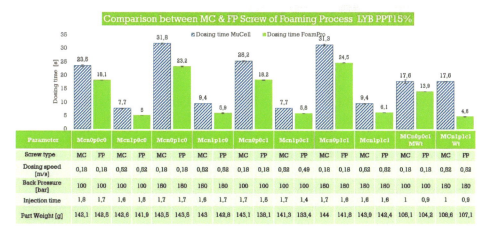

Bild 7.7 Vergleichendes Dosierverhalten der neuen Yizumi Germany Schnecke zur alten Trexel Standardschnecke [Bildquelle: Yizumi Germany GmbH]

Kommen wir im Bild 7.8 nun zu einer letzten vergleichenden Performancedarstellung über die Eignung der TSG-Schnecke für hochgefüllte Kunststoffe. Anhand von resultierenden mittleren Glasfaserlängen ist der Vorteil der neuen Schnecke sehr gut ersichtlich. Ausschlaggebend ist das neue Schneckendesign mit nur noch einem Sperrring sowie geänderter Mischgeometrie.

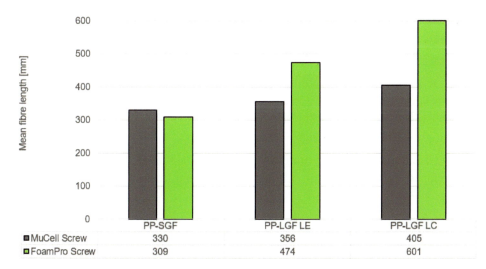

Bild 7.8 Vergleich resultierender mittlerer Glasfaserlängen (GF und LGF) unter vergleichbaren Maschineneinstellungen für die alte und die neue Schnecke [Bildquelle: Yizumi Germany GmbH]

Hier ist nun der richtige Zeitpunkt, um einmal auf das vom IKV Aachen entwickelte alternative TSG-Verfahren mit gemeinsamer Granulat- und Gaszuführung einzugehen, das Grundlage einer Dissertation am Institut für Kunststoffverarbeitung (IKV) Aachen, war. [3] Teile dieser Dissertation basieren auf dem industriellen Gemeinschaftsforschungsprojekt „*ProFoam®*", wobei das Verfahren heute vom Maschinenhersteller Arburg auch unter diesem Namen vermarktet wird (vergleichen Sie hierzu auch Abschnitt 2.2.4.6). Ein Zitat aus der Promotionsschrift beschreibt das Verfahren und den dazugehörigen Anlagenbau perfekt:

„Im Rahmen dieser Arbeit werden die Entwicklung und Erprobung eines anlagentechnisch einfachen Schäumverfahrens auf Basis der Vorbeladung von Kunststoffgranulat in einem Autoklaven vor dem Spritzgießen beschrieben. Zur Umsetzung dieses Verfahrens wird der Autoklav, in welchem das Treibfluid unter einem Druck von bis zu 50 bar in das Kunststoffgranulat bis zur Sättigungsgrenze eindiffundiert, in einem ersten Schritt direkt auf die Plastifiziereinheit einer Spritzgießmaschine montiert. Diese ist zum Schneckenende hin mit einem Radialwellendichtring abgedichtet. Durch die höhere Temperatur im Plastifizierzylinder kann ausreichend schnell genügend Treibfluid in den Kunststoff eindiffundieren, um ein Aufschäumen des Bauteils ohne lange Vorbeladungszeiten zu ermöglichen. Nach dem Nachweis der Funktion des Verfahrens wird der direkt auf der Spritzgießmaschine montierte Autoklav durch eine Druckkammerschleuse ersetzt, die ein kontinuierliches Einschleusen von Kunststoffgranulat von dem drucklosen Maschinentrichter oder Saugförderer in den unter Treibfluiddruck stehenden Plastifizierzylinder ermöglicht." [4]

Im Bild 7.9 wird noch einmal zur besseren Übersicht der Aufbau einer solchen Anlage skizziert. Vergleicht man die Anlagentechnologie mit der heute industriell üblichen Anlagenvariante auf Basis der neuen MuCell®-Schnecke (siehe Bild 7.5), so lassen sich folgende Schlüsse ziehen:

Vorteile Prinzip „ProFoam®" gegenüber dem Prinzip „MuCell®"

- Zum Schäumen von ungefüllten oder gering gefüllten Polymeren ist eine Standardlänge der Plastifizierung von 20 D ausreichend. Bei gefüllten oder hochgefüllten Kunststoffen entfällt der Vorteil, da in beiden Fällen Mischschnecken mit größerer Länge benötigt werden.
- Die Treibfluidzuführung mittels Druckkammerschleuse ist anlagentechnisch einfacher im Vergleich zur Zuführung über einen Injektor mit vorgeschalteter Gasdosierstation.

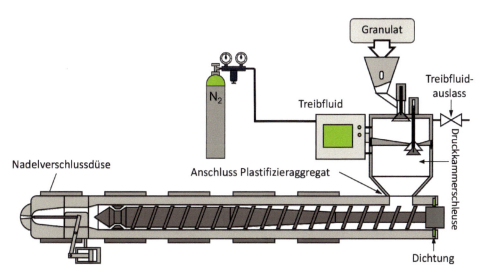

Bild 7.9 TSG-Anlagenbau mit Druckkammerschleuse [Bildquelle: Dissertation Obeloer, IKV [3]]

Nachteile Prinzip „ProFoam®" gegenüber dem Prinzip „MuCell®"

- Die Sonder-Schneckendichtung muss sowohl den drehenden Schneckenumfang gegen den Plastifizierzylinder abdichten als auch bei jedem Zyklus den in Längsrichtung wirksamen Schneckenschub gasdicht abschließen. Die industrietaugliche Dichtung für solch komplexe Anwendungsfälle ist bis heute eher unbekannt. Recht kurze Wartungsinterwalle sind zu erwarten, ebenso wie ein permanenter, aber geringer Gasaustritt.

- Ein noch weitaus größerer Verlust an Treibgasen tritt in der Druckkammerschleuse während des Betriebs auf: Bei jedem Spülvorgang aufgrund des frisch in die Schleusenkammer eingefüllten Kunststoffgranulats ergeben sich hohe Verluste.

Das Fazit ist eindeutig: Die Investition in das Prinzip „ProFoam®" ist geringer als die Investition in das Prinzip „MuCell®". Niemand in der Industrie rechnet jedoch seine Produktionskosten allein auf Basis der Investitionskosten aus. Die ausschlaggebenden Kosten sind nun einmal die Bauteilkosten, was zu einer eindeutigen Empfehlung zu dem Prinzip „MuCell®" führt. Die hohen, permanenten Gaskosten bei der Produktion nach dem Prinzip „ProFoam®" machen dieses Verfahren für eine industrielle Produktion unwirtschaftlich.

 Lassen Sie sich von Ihrem TSG-Verfahrenslieferanten neben den Investitionskosten immer auch die permanenten Verbrauchskosten geben sowie die zu erwartenden Serviceintervalle. Erst danach ermitteln Sie die Bauteilkosten.

Abschließend sei noch das auch im Markt angebotene Cellmould®-Verfahren der Firma Wittmann Battenfeld GmbH aus Österreich erwähnt. Das Verfahren ist im Prinzip vergleichbar mit dem MuCell®-Verfahren, basierend auf der alten Schneckengeometrie. Der Unterschied der Battenfeld-Schnecke zur MuCell®-Schnecke liegt dabei im Bereich des mittleren Sperrrings. An der Stelle eines Sperrringes wie bei MuCell® wird hier mit einem Stauring innerhalb der Schneckengeometrie gearbeitet. Alle Vorteile der unter Bild 7.5 aufgelisteten Vorteile der neuen Schnecke gelten natürlich auch für diesen Vergleich!

Eine weitere Neuentwicklung der Schneckengeometrie für das physikalische Thermoplast-Schaumspritzgießen wurde von der Firma Engel Austria GmbH in Zusammenarbeit mit der Johannes Kepler Universität in Linz erarbeitet. In der Veröffentlichung [6] ist auch ein Bild der Schnecke gezeigt, sodass eine kurze Diskussion der Geometrie der PFS (Physical Foaming Screw) genannten Schubschnecke erlaubt sei.

Bild 7.10 PFS-Schubschnecke [Bildquelle: Engel Austria GmbH]

Grob gesagt wurde die mittlere Rückstromsperre der alten MuCell®-Schnecke durch ein Wendelscherteil ersetzt. Die exakten Längenverhältnisse wurden leider nicht veröffentlicht. Aber da die Geometrie der Einmischzone der alten MuCell®-Schnecke recht ähnlich sieht, haben wir wiederum einen langen Mischbereich zur Bildung des Einphasengemisches mit dem Matrixpolymer vorliegen. Bei einer Gesamtlänge der Schnecke von 24 L/D kann dies nur zulasten der grundlegend wichtigen Plastifizierleistung gehen. Das Wendelscherteil scheint hier hilfreich, ob es ausreichend dimensioniert ist, können nur Testergebnisse zeigen.

7.4 Sonderausstattung

Sowohl für das chemische Schäumen als auch für das physikalische Schäumen ist der Einsatz einer Verschlussdüse absolut notwendig, um ein Austreten der gasbeladenen und unter Druck stehenden Schmelze zu unterbinden. Auf dem Markt gibt es hier unterschiedliche Hersteller, bewährt hat sich z. B. die Nadelverschlussdüse vom Typ HP der Firma Herzog Systems AG aus der Schweiz.

Bild 7.11 Für das TSG-Verfahren geeignete Nadelverschlussdüse HP
[Bildquelle: Herzog Systems AG]

Der im Bild 7.11 unten sichtbare, in die Düsenbaugruppe integrierte Hubzylinder bewegt über eine Hebelmechanik die Nadel hydraulisch oder pneumatisch. Über einen Kolbenpositionssensor am Steuerkolben der Einheit sollte der Prozess abgesichert werden. Dieser Nadelverschlussdüsentyp lässt sich mit erhöhtem Staudruck fahren, wodurch eine zu frühe Schaumexpansion verhindert werden kann. Bekanntermaßen steht der Nadelverschluss ebenfalls für eine verhinderte Fadenbildung sowie für einen Stopp der Kunststoffleckage beim Aufdosieren mit abgehobener Spritzeinheit. Das sind alles notwendige Eigenschaften für eine gute Produktqualität.

Neben der Verschlussdüse wird bei einer TSG-Anlage auch eine Lagepunktregelung der Schnecke benötigt. Mehrere Gründe machen diesen Regelbaustein absolut notwendig! Erst einmal muss das Schmelze-Fluid-Gemisch permanent über einem definierten Druckniveau gehalten werden, da sonst die im Werkzeug gewollte Expansion bereits *vor* Eintritt in die Kavität stattfinden würde. Die Lagepunktregelung sorgt dann dafür, dass die Schnecke nicht aufgrund des Schmelzedrucks zurückgedrückt wird. Ebenso benötigt man eine solche Regelung, um die Schnecke an definierter Stelle zu stoppen, da das Schaumspritzgießen theoretisch ohne Nachdruck zu betreiben ist.

Ein Punkt, dem häufig viel zu wenig Beachtung geschenkt wird, ist die Dynamik der Einspritzgeschwindigkeit. Vielfach wird mit dem Maschinenhersteller lediglich über die Option „erhöhte Einspritzgeschwindigkeit" gesprochen, da es abhängig vom Matrixpolymer und den Füllstoffen teilweise notwendig wird, mit bis zu 120 mm/s einzuspritzen. Ein Wert, den viele Spritzgießmaschinen im Standard nicht erreichen. Man rüstet dann die Maschinen mit Druckspeichern auf, soweit es sich um hydraulisch betriebene Spritzgießmaschinen handelt. Bei elektrischen Spritzgießmaschinen ist ein entsprechender Servoantrieb nötig. Dieser Schritt kann jedoch im schlechtesten Fall aufgrund fehlender Dynamik völlig nutzlos sein!

Eine definierte Geschwindigkeit (in diesem Falle die 120 mm/s) kann man auf vielen Wegen erreichen. Mit einer hohen Beschleunigung erreicht man den Wert schnell, mit einer niedrigen Beschleunigung benötigt man viel Zeit. Da die Einspritzzeiten bei den meisten Schaumspritzgießanwendungen eher kürzer sind, muss die Beschleunigung – also die Dynamik – hoch sein. Mit niedriger Dynamik wird sonst im schlechtesten Fall die „Endgeschwindigkeit" nicht einmal erreicht, da ja schon wieder abgebremst werden muss.

 Fragen Sie Ihren Maschinenhersteller nicht allein nach der Einspritzgeschwindigkeit, sondern auch nach der Beschleunigung der Einspritzbewegung. Im besten Fall lassen Sie sich für die für Ihre Bauteile benötigten Einspritzzeiten ein jeweiliges Diagramm der Einspritzgeschwindigkeit über der Zeit geben. Danach können Sie Ihre Entscheidung treffen.

7.4 Sonderausstattung

Einspritzprofil - Sollwertgrafik

Bild 7.12 Bildschirmdiagramm Einspritzgeschwindigkeit über der Zeit
[Bildquelle: Engel Austria GmbH]

■ 7.5 Gasdosierstation

Beim physikalischen Schaumspritzgießen sorgt die Gasdosierstation für die richtige Menge Gas während der Dosierphase, und zwar in einer optimalen Verteilung, zur Erlangung des Einphasengemisches aus geschmolzenem Matrixpolymer und Treibfluid in der Schnecke. Das Gas wird dabei über Flaschen geliefert oder auch bei größeren Verbrauchsmengen mittels Kompressor vor Ort aufbereitet.

Bild 7.13
Beispiel einer Gasdosierstation: T-300 Modell von Trexel
[Bildquelle: Trexel GmbH]

Gute Gasdosierstationen verteilen die richtige Menge des Treibfluids gleichmäßig während der Dosierphase bei geringer Druckdifferenz zum vorhandenen Druck in der Schnecke. Dabei liegt die minimale Öffnungszeit des Injektors bei 2 s, weshalb die T-Serie für schnelllaufende Dünnwandartikel mit sehr kurzen Zykluszeiten nicht geeignet ist. In solchen Fällen müssen Sonderlösungen eingesetzt werden.

Für den Bediener ist die Eingabe auch ohne viel Fachwissen einfach gelöst: Es muss das Schussgewicht eingegeben werden sowie der Anteil des Treibfluids in %. Vorausgesetzt, dass die notwendigen Eingangssignale aus der Spritzgießmaschine der Dosierstation zur Verfügung stehen, wird der weitere Vorgang des SCF-Prozesses nun automatisch optimiert. Die Kontrolle der dosierten Gasmenge erfolgt dabei gravimetrisch im System.

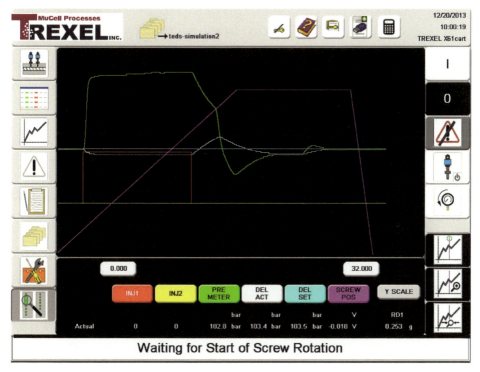

Bild 7.14 Beispielseite der Steuerung des T-Systems [Bildquelle: Trexel GmbH]

Solche Gasdosierstationen können mit autonomer Steuerung an geeigneten, vorhandenen Spritzgießmaschinen nachgerüstet werden, oder sind als integrierter Baustein bereits in den Steuerungen der Spritzgießmaschinen vorhanden, die mit der Option „Schaumspritzgießen" bestellt wurden.

7.6 Die ideale Schaumspritzgießmaschine

Allein schon aufgrund der Hinweise „WENIGER IST MEHR", die in diesem Kapitel über den Maschinenbau geschrieben wurden, erkennen wir, dass die heute am Markt angebotenen Lösungen der Spritzgießmaschinenhersteller, freundlich formuliert, „Verbesserungspotenzial" beinhalten. Nur der Prozess *Schaumspritzgießen* sollte dem Maschinenbau die Konstruktionsrichtung vorgeben, und nicht der Prozess *Kompaktspritzgießen*, den man dann an einigen notwendigen Stellen verändert, oder auch Optionen adaptiert, um das Schaumspritzgießen zu ermöglichen. Diese Vorgehensweise folgt ja dem bekannten Schema der Kostensenkung im Maschinenbau aufgrund von einzuhaltenden Standards.

Aber auch im Bereich des Spritzgießens gibt es ja Branchen, die „ihre Maschinen" ausgehend vom Prozess her konstruiert haben. Ich möchte hier den Bereich der PET-Preform-Herstellung nennen, der ganz eigene, auf den Prozess und das Werkzeug optimierte Maschinenkonstruktionen hervorbrachte. Ein anderes Beispiel ist der Bereich der Spritzgießmaschinen für Dünnwandverpackungen. Hier finden wir extrem dynamische Einspritzeinheiten gepaart mit Hochleistungsplastifizierungen.

Abgeleitet aus diesem Umfeld stellen wir fest, dass es sich bei hinreichend großem Marktvolumen lohnt, eine auf den Prozess zugeschnittene Maschinenbaureihe zu konstruieren, um alle daraus resultierenden Kostenvorteile für die Bauteilherstellung zu schöpfen. Was bedeutet das aber nun für unseren Fall, da sich ja das TSG-Verfahren mehr und mehr zum weiteren Standard neben dem Kompaktspritzgießen entwickelt hat?

Die neue VDI-Richtlinie 2021, die voraussichtlich 2022/2023 erscheinen wird, wird sicherlich der Vorläufer zu einer daraus folgenden Norm, ähnlich der ehemaligen DIN 16742 (Kunststoff-Formteile – Toleranzen und Abnahmebedingungen) werden [5]. Das bedeutet, dass damit dann erstmalig für alle Großabnehmer (z. B. aus dem Automobilbereich) ein Dokument vorliegt, um die Abnahmekriterien für an Unterlieferanten vergebene Schaumspritzgießbauteile eindeutig und vollumfänglich zu spezifizieren. Damit liegt dann ein Markt für das TSG-Verfahren vor, der eine eigene speziell dem Verfahren angepasste Baureihe rechtfertigt. Es wäre wünschenswert, wenn die Spritzgießmaschinenhersteller dies aufgreifen, und gleichzeitig die Produktionsbetriebe dies fordern würden.

Dabei sind die Spritzaggregate für den wichtigen Einspritzprozess mit ausreichender Dynamik zu konstruieren, sodass der maximale Wert der Einspritzgeschwindigkeit von 120 mm/s auch bei kleinem Schussvolumen erreicht werden kann.

Idealerweise ist die Maschine dann auch mit einer Plastifizierung, vergleichbar mit derjenigen aus Abschnitt 7.3, ausgerüstet. Die Gasdosierstation ist integrierter Teil der Spritzgießmaschine.

Die Schließeinheit ist bezüglich der Werkzeugaufspannfläche – im Vergleich zu einer Standardspritzgießmaschine für den Kompaktspritzguss – erheblich zu vergrößern. Dabei sind die für die Plattenauslegung 2- bis 2,5-fach niedrigeren Zuhaltekräfte zu berücksichtigen. Diese geänderte Randbedingung gilt natürlich für das gesamte Schließsystem. So sind davon z. B. die Säulen betroffen, die Hydraulik oder auch der Kniehebel sowie alle anderen der mechanischen (statisch und dynamisch) Belastung unterliegenden Komponenten. Die unter Abschnitt 7.4 als Sonderausstattung titulierten Baugruppen sind natürlich im Standard zu integrieren.

Eine unter diesen genannten Gesichtspunkten neu spezifizierte und konstruierte TSG-Baureihe wäre die richtige Antwort auf das physikalische Schaumspritzgießen als weiteres Standard-Spritzgießverfahren.

Einige Spritzgießmaschinenhersteller bieten an, innerhalb der existierenden Baureihe für den Kompaktspritzguss Schließeinheiten von größeren Maschinen mit kleineren Spritzeinheiten zu kombinieren: Sozusagen das existierende Baukastensystem neu zu mischen bzw. zu kombinieren. Dies ist auf der einen Seite gesehen ja schon eine Teillösung. Aber nach wie vor stammen alle Baukastenkomponenten aus dem „*Kompakt*-Spritzguss-Baukasten". Damit ist die optimale TSG-Lösung für den Kunden aber noch lange nicht erreicht!

Literatur

[1] Johannaber, F.: Injection Molding Machines, München: Carl Hanser Verlag, 2008
[2] Pötsch, G., Michaeli, W.: Injection Molding, München: Carl Hanser Verlag, 2008
[3] Obeloer, D. Th.: Thermoplast-Schaumspritzgießen mit gemeinsamer Granulat- und Gaszufuhr. Dissertation RWTH Aachen, 2012
[4] Obeloer, D. Th.: Thermoplast-Schaumspritzgießen mit gemeinsamer Granulat- und Gaszufuhr. Dissertation RWTH Aachen, 2012, S. 122
[5] DIN 16742 – 2013 – 10. Berlin: Beuth Verlag, 2013
[6] Kastner, C., Kienzl, W., Kobler, E., Steinbichler, G.: Ein Sonderverfahren auf dem Weg zum nachhaltigen Normalfall, *Kunststoffe*, (2021) 2

8 Werkzeugtechnik für das Schaumspritzgießen

■ 8.1 Werkzeugtechnische Grundlagen

Beim TSG-Prozess (Nukleierung/Zellwachstum/Stabilisierung) ergeben sich Anforderungen an die Auslegung der Werkzeugelemente (vgl. zu dieser Problematik auch in Kapitel 3 das Bild 3.8). Eine schematische Auswahl derjenigen Werkzeugelemente, die die Qualität der Zellstruktur beeinflussen, ist in Bild 8.1 dargestellt.

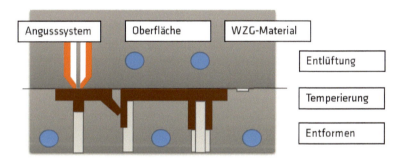

Bild 8.1 Einflüsse des Werkzeugs auf die Eigenschaften von geschäumten Bauteilen [Bildquelle: GK Concept GmbH]

Im Folgenden wollen wir nun detailliert auf die einzelnen Stichworte eingehen.

8.1.1 Anspritzen

Das einphasige Fluid-Polymer-Gemisch wird von der Plastifiziereinheit an das Anspritzsystem im Werkzeug übergeben. Im Werkzeug wird es dann zu einer oder mehreren Kavität(en) geführt.

8.1.1.1 Prozessbetrachtung am Anspritzbereich

In der Plastifiziereinheit ist die Schmelze noch überkritisch. Kommt es im Verlauf des Einspritzvorgangs zu Druckabfällen, wird die Nukleierung initiiert. Die Nukleierung sollte jedoch erst in der Kavität erfolgen. Aus diesem Grund sollten die Strömungsquerschnitte im Verteilersystem gleichmäßig zum Anschnitt hin kleiner werden. In Bild 8.2 ist eine Zentraldüse mit Nadelverschlusssystem dargestellt. Bei dieser wird die Strömung in zwei Kanäle um die Nadelbetätigung aufgeteilt, und unterhalb an der Nadel wieder zusammengeführt. Beim Austritt aus den Umlenkkanälen in den Düsenkanal kommt es zum Druckabfall mit einhergehender Nukleierung und Zellbildung. Die gebildeten Zellen werden mit der Bindenaht in der Schmelze aus der Düse gefördert, und verteilen sich so über das Formteil. Fließhindernisse im Schmelzeverteiler sollten vermieden werden, da es dadurch zu einer Nukleierung und Zellbildung im Schmelzeverteiler kommen kann. Die daraus resultierenden Fehlerbilder sind z. B. Schmelze-Eruptionen an der Oberfläche oder große Zellstrukturen im Inneren.

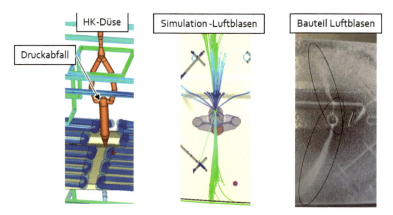

Bild 8.2 Druckabfall im Heißkanal und Auswirkung auf das Formteil
[Bildquelle: GK Concept GmbH]

Der Anschnitt-Durchmesser kann bei TSG-Anwendungen größer ausgelegt werden, als das beim Kompaktspritzguss der Fall ist. Er sollte ca. das Eineinhalb- bis Zweifache der Wanddicke im Anspritzbereich betragen. Es sollten keine Heißkanaldüsen ohne Verschluss verwendet werden, da sonst die unter Druck stehende Schmelze unkontrolliert aus dem Verteilersystem entweichen kann. Um den Druck im Verteilersystem im überkritischen Zustand zu halten, ist es sinnvoll, die Maschinendüse leicht verzögert zu den Heißkanaldüsen zu schließen. Wird ein Stangenanguss verwendet, sollte dieser mit geringerer Wanddicke ausgeführt werden, jedoch einen höheren Entformwinkel haben.

Bei Mehrkavitätenwerkzeugen, Familienwerkzeugen oder Einfachkavitäten mit mehreren Anspritzpunkten sollten diese unbedingt mit Nadelverschlussdüsen ausgestattet werden, da die Ausbalancierung der Füllung für gleichmäßige Zellstrukturen in allen Kavitäten sehr wichtig ist. Diese Ausbalancierung kann sicherer und stabiler durch die Öffnungszeiten der Düsen realisiert werden.

Bei Angusssystemen mit Kaltkanal oder Angussstange sollte die Länge minimiert und das absolute Volumen so gering wie möglich gehalten werden. Vorteilhaft für eine hohe Nukleierungsrate, die feinzellige Schaumstrukturen im Niederdruck-TSG hervorbringt, sind Anschnittarten mit hohem Druckabfall und hoher Scherung am Schmelzeeintritt, wie z. B. Tunnel- und Punktanguss.

Für den Fall, dass die Oberflächenqualität im Fokus steht, und Silberschlieren weitestgehend vermieden werden sollen, sind Anschnittarten mit geringerem Druckabfall und somit geringer Nukleierungsrate zu wählen, wie beispielsweise ein Filmanguss bei Kaltverteilern. Bei Direktanspritzung kann die Heißkanaldüse mit entsprechend großem Gate-Durchmesser ausgelegt oder alternativ auch eine Breitschlitzdüse verwendet werden.

8.1.1.2 Prozessbetrachtung nach dem Anspritzbereich

Kurze Fließwege begünstigen eine homogene Zellstruktur. Die Zellen werden durch den für die Füllung erforderlichen Druck wieder komprimiert. Bei längeren Fließwegen bzw. dünnen Wandstärken ist mehr Druck erforderlich, und folglich werden die bereits wachsenden Zellen stärker komprimiert. Geringe Fließweg-Wanddicken-Verhältnisse begünstigen somit homogene Schaumstrukturen und ermöglichen höhere Dichte- bzw. Gewichtsreduktion.

Der Gasaustritt an der Schmelzefront begünstigt das Einschließen von Luft, was bei der Positionierung des Anspritzpunktes zwingend beachtet werden sollte (siehe hierzu auch Abschnitt 8.1.3 „Entlüften").

Bei mehreren Anschnitten an ein Formteil kann zwischen kaskadierter Öffnung der Düsen oder gleichzeitigem Öffnen gewählt werden. Der Vorteil beim gleichzeitigen Öffnen der Düsen im Vergleich zur Kaskade liegt darin, dass bei gleichem Düsenabstand kürzere Fließwege und somit eine höhere Gewichtsreduktion erzielt werden kann. Bei kaskadierter Anspritzung dagegen muss die Schmelzefront, um eine gleichmäßige Schmelzefrontgeschwindigkeit zu realisieren, die Düse zunächst überströmen, bevor sie öffnet. Der Nachteil bei gleichzeitiger Öffnung ist jedoch die Bildung der Bindenähte zwischen den einzelnen Schmelzefronten. Diese Bindenähte können am Ende nur durch den Expansionsdruck des Gases verschweißt werden. Da im Prozess auch viel Gas bereits durch die Füllung vorhanden ist, muss dieses während der Expansion noch austreten. Dadurch können diese Bereiche sehr große Zellstrukturen bis hin zu Lunkern aufweisen. Eine simulationsgestützte Auslegung der Anspritzpositionen ist sinnvoll und hilfreich, um kritische Bindenähte zu vermeiden. Dünnwandige Bereiche sollten sich nicht am Ende des Fließweges befinden. Damit würde der Fülldruck ansteigen, und gleichzeitig die mögliche Gewichtsreduktion wieder verringern (vgl. hierzu auch Kapitel 4.1).

8.1.2 Füllvorgang

Während des Füllvorgangs (vgl. Kapitel 4.1) kommt es aufgrund des fehlenden Gegendruckes an der Schmelzefront zum Druckabfall und somit zur Nukleierung und zum Zellwachstum. Die nachströmende Schmelze (Quellströmung) fördert die wachsenden Zellen an die Werkzeugwand, wo sie erstarren und infolge der Scherung verstreckt werden. Im weiteren Verlauf des Füllvorganges steigt der Druck in der Kavität mit wachsendem Fließweg an. Dadurch werden vorhandene Zellen am Wachsen behindert, bzw. komprimiert, und das Gas wird sogar teilweise wieder in Lösung gebracht. Neben dem Druckabfall an der Schmelzefront kann es in der Kavität, z.B. durch Wanddickensprünge, zu Druckgradienten kommen, die die Nukleierung und das Zellwachstum einleiten.

Die Füllung über die Schneckenbewegung wird in der Regel vor der volumetrischen Füllung beendet. Die finale Füllung erfolgt dann durch die Expansion der Schmelze. Da die Triebkraft dieser Expansion durch das Gas begrenzt ist, sind dünnwandige Bereiche am Fließwegende damit schwer zu füllen. Auch eine zu weit abgekühlte Schmelzefront reduziert die mögliche Gewichtsreduktion bzw. Schaumbildung. Besonders kritisch und daher zu vermeiden sind Wanddickensprünge auf Dünnwandbereiche am Fließwegende, im schlimmsten Fall in Verbindung mit einer Bindenaht. Solche Bereiche reduzieren die mögliche Gewichtsreduktion und schwächen die mechanische Performance.

8.1.3 Entlüften

Vor der Schmelzefront sammelt sich das austretende Gas und wird durch die Kavität geschoben. Das austretende Gas muss durch Entlüftung (siehe hierzu auch Kapitel 4.5.1) aus der Kavität abgeführt werden. Nicht abgeführtes Gas muss durch die Schmelze komprimiert werden, und verringert so die mögliche Gewichtreduktion bzw. kann sogar Füllprobleme verursachen. Die Positionen der Entlüftungen können über Füllsimulationen abgeschätzt werden. Grundsätzlich muss die Entlüftung am Fließwegende, an freistehenden Formelementen, wie z.B. Rippen oder Domen, und an Bindenähten und Lufteinschlüssen vorgesehen werden.

Neben der Entlüftung an der Hauptformtrennung, die beim TSG ca. 1,5 – 2 x die Querschnittsfläche im Vergleich zum Kompaktspritzguss haben kann, können alle

Aktivteile wie Auswerfer, Schieber, Schrägauswerfer etc. für die Entlüftung genutzt werden. Der Vorteil dieser *bewegten* Elemente ist ein geringerer Reinigungsaufwand im Vergleich zu *feststehenden* Entlüftungseinsätzen.

8.1.4 Temperieren

Die Werkzeugtemperatur hat einen starken Einfluss auf das Zellwachstum und die Zellstabilisierung (vgl. hierzu auch Abschnitt 4.5.4). Für eine gleichmäßige Schaumstruktur sind homogene Werkzeug-Oberflächentemperaturen erforderlich. Da beim Schaumspritzguss weniger wärmeführende Polymermasse eingespritzt wird, kann unter Umständen eine Reduktion der Kühlzeit erzielt werden. Im Allgemeinen aber haben die Zellen in der Schmelze eine eher isolierende Wirkung, wodurch die Kühlzeit verlängert wird. Materialanhäufungen wirken sich auf den Prozess mitunter zyklusbestimmend aus, da diese bei unzureichender Kühlzeit zum Post-Blow-Effekt neigen. Dabei hat die erstarrte Randschicht beim Entformen noch nicht genügend Festigkeit, um dem Gasdruck im Inneren standzuhalten, und wird verformt. In Bild 8.3 sind Beispiele für den Post-Blow-Effekt gezeigt. Im linken Bild ist zwar im Formteil keine Materialanhäufung vorhanden, aber durch die engen Rippenabstände ergeben sich im Werkzeug schmale Kerne, über die viel Wärme abgeführt werden muss. Wird zu früh entformt, blähen sich die Rippen, wie im Bild zu sehen, durch den Gasdruck auf. Um dies zu vermeiden, muss die Kühlzeit erhöht werden, was dann auch zyklusbestimmend ist. Rechts im Bild 8.3 ist ein ungünstig ausgelegter Schraubtubus dargestellt. Der Grundkörper des Tubus ist mit der Grundwandstärke des Gehäuses umgeben, oder nur durch sehr schmale Taschen (dünne WZG-Elemente) getrennt. Der Grund im Dom ist mehr als doppelt so groß wie die Grundwandstärke, was zu einer Materialanhäufung führt. Um diesen Dom ohne Post-Blow zu entformen sind – verglichen zum restlichen Teil – sehr lange Kühlzeiten erforderlich, die wiederum zyklusbestimmend sind.

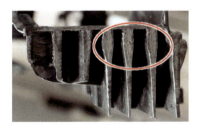
Schlecht zu kühlende Rippenstruktur

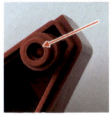

Ungünstig ausgelegter Schraubtubus

Bild 8.3 Beispiele für Post-Blow-Effekte [Bildquelle: 2Limit GmbH]

Hot-Spots sind also zwingend zu vermeiden. Sie können mit Hilfe von Wanddickenanalysen (geringer Aufwand) und Kühlungssimulationen (höherer Aufwand) identifiziert werden. Entsprechende konstruktive Gegenmaßnahmen sollten im Werkzeug berücksichtigt werden. Zu diesen Maßnahmen zählen unter anderem:

- **Aktive Temperierung:** Falls ausreichend Platz vorhanden ist, sollte aktiv mit Standardelementen temperiert werden (Bohrung/Steiger/Sprudler).
- **Materialien mit erhöhter Wärmeleitfähigkeit:** Werden kleine Einsätze für Formkonturen verwendet, die nicht aktiv temperiert werden können, sollten Materialien mit erhöhter Wärmeleitfähigkeit zum Einsatz kommen, oder die Energie über Wärmeleit-Pins abgeführt werden.
- **Konturnahe Temperierung:** Diese kann, auch für komplexere Geometrien, mit generativen Verfahren recht kostenintensiv realisiert werden.
- **Vorkammerbuchsen:** Um Hot-Spots um die Anspritzdüse zu vermeiden, sollten bei Direktanspritzung Vorkammerbuchsen verwendet werden.

8.1.5 Auswerfen

Durch Entfallen des Nachdruckes kommt es beim Schäumen zu einer höheren, aber über das Formteil verteilt gleichmäßigeren Schwindung. Aus diesem Grund sollte mit erhöhten Entformkräften gerechnet werden. Die Entformschrägen können, verglichen zum Kompaktspritzguss, um plus 0,5 Grad größer sein, und Rippen am Formteil können am Fuß mit einem Radius versehen werden. Es sollten tendenziell *mehr* Auswerfer gesetzt werden als im Kompaktspritzguss, was sich auch positiv auf die Entlüftung auswirkt.

8.1.6 Überwachung

Um Inline-Prozessüberwachungen zu realisieren, ist eine Überwachung der Schmelzeposition sinnvoll. Damit kann beispielsweise der Umschaltpunkt geprüft werden, über den eine definierte Gewichtsreduktion garantiert werden kann. Es sollte beachtet werden, dass sich dafür *Temperatur*sensoren eher eignen als *Druck*sensoren. Der Druck an der Schmelzefront ist null bar und baut sich erst beim Überströmen auf. Soll jedoch am Umschaltpunkt gemessen werden, wird nur noch durch die Gasexpansion gefüllt, und der sich aufbauende Druck ist eher gering (< 50 bar). Dadurch sind Drucksensoren für diese Aufgabe zu träge und Temperatursensoren wesentlich besser geeignet.

8.1.7 Werkzeugoberfläche und Beschichtung

Die durch den Druckabfall verursachten Ausgasungen an der Schmelzefront sind eine der Hauptursachen für TSG-typische Oberflächendefekte wie Silberschlieren, kaltverschobene Schmelzebereiche oder Schmelzeeruptionen (vgl. hierzu auch Abschnitt 3.1.9). Das an der Schmelzefront austretende Gas wird zwischen der Kavität und der nacheilenden Schmelze eingesperrt, und kann dort nur begrenzt komprimiert werden oder entweichen. Es verbleibt in der Randschicht und erzeugt dort eine gewisse Rauheit. Eine strukturierte Oberfläche verbessert die Entlüftung an dieser Schnittstelle. Außerdem kaschiert eine strukturierte Oberfläche die durch die Gasblasen entstandenen Defekte.

Eine weitere Verbesserung der Oberfläche kann durch die Nutzung von Werkzeugbeschichtungen erzielt werden. Eine dünne thermische Trennschicht, z.B. in Form einer Keramikbeschichtung, kann das Erstarren der Randschicht verzögern und Schlieren reduzieren. Eine dünne keramische Schicht bietet den besten Kompromiss zwischen verzögerter Erstarrung der Randschicht und verlängerter Zykluszeit durch die Isolationsschicht.

Ein Demonstratorbauteil dafür ist in Bild 8.4 dargestellt. Auf der Nichtsichtseite sind deutlich die typischen Silberschlieren zu erkennen. Diese können, wie gut im oberen Bild zu erkennen, durch die Beschichtung vermieden werden.

Sichtseite mit Beschichtung (Cera-Shibo by Eschmann Textures) und Struktur

Nichtsichtseite ohne Beschichtung und Werkzeugoberfläche strichpoliert

Bild 8.4 TSG-Demonstratorbauteil mit Beschichtung und strukturierter Oberfläche auf der Sichtseite [Bildquelle: Weimat AG]

Unter Einsatz aller hier diskutierten Maßnahmen ist es möglich, Sichtbauteile mit Class-A-Oberflächen zu produzieren.

8.1.8 Werkzeug und Schmelzeeinfluss

Im Niederdruck-TSG wird auf den Nachdruck verzichtet. Im Kompaktspritzguss wird in der Nachdruckphase der Nachdruck in der gesamten Kavität verteilt, wodurch in dieser Phase mitunter höchste Auftriebskräfte für Werkzeug und Maschine resultieren. Wird auf den Nachdruck verzichtet, wirkt der Druck nur in den Bereichen der Schmelze und vom Anschnitt zur Schmelzefront hin abnehmend. Die daraus resultierenden Kräfte und Belastungen für das Werkzeug, z. B. Plattendurchbiegung, Flächenpressung und Verblockung, sind dadurch geringer. Aus diesem Grund können, mitunter auch für Serienwerkzeuge, günstigere Aluminiumwerkzeuge eingesetzt werden. Der Kostenvorteil der Aluminiumwerkzeuge ergibt sich durch die bessere Zerspanbarkeit.

■ 8.2 TSG-Prozesse – Anwendung und Werkzeugtechnik

Je nachdem, welcher der spezifischen Vorteile des TSG-Verfahrens vom Anwender favorisiert wird, ergeben sich unterschiedliche Anforderungen an Werkzeuge und Prozessführungen, bis hin zu separaten Prozessen. Neben dem Niederdruck-TSG, bei dem die Kavität nur teilweise gefüllt wird und die 100 %ige Formfüllung dann aufgrund der Schaumexpansion geschieht, gibt es alternative Prozesse in Verbindung mit TSG.

8.2.1 Niederdruck-TSG

Hauptmerkmal ist bei diesem Prozess der Verzicht auf den Nachdruck. Die volumetrische Füllung wird durch die expandierende Schmelze realisiert. Dies sei an dieser Stelle als Standard-TSG definiert. Die nutzbaren Vorteile sind unter anderem: Gewichts- und Materialeinsparung, gleichmäßige Schwindung und dadurch geringerer Verzug, Verringerung von Prozessdrücken und Schließkräften sowie die Verringerung der Materialviskosität.

8.2.2 Hochdruck-TSG mit Öffnungshub

Bei diesem Prozess wird die volumetrische Füllung wie im Kompaktspritzguss durch Füll- und Nachdruckphase realisiert. Die einzelnen Prozessschritte und dabei auftretenden Mechanismen der Bildung der Zellstruktur sind in Bild 8.5 dargestellt.

8.2 TSG-Prozesse – Anwendung und Werkzeugtechnik

Prozessschritte		Mechanismen der Schaumstruktur Bildung
Plastifizieren / Dosieren		Mischen / Lösen 1
Einspritzen		**An der Schmelzefront**: Nukleierung 1 / Zellwachstum 1 / Stabilisierung 1
Volumetrische Füllung		**Hinter der Schmelzefront** Komprimieren
Nachdruck		Komprimieren / Lösen 2
Öffnungshub		Nukleierung 2 / Zellwachstum 2
Kühlen		Stabilisierung 2

Bild 8.5 Prozessschritte im Hochdruck-TSG-Prozess [Bildquelle: GK Concept GmbH]

Der Nachdruck presst die Zellen wieder zusammen und teilweise geht das Gas (abhängig von Druck und Temperatur) auch wieder in Lösung. Im nächsten Schritt wird das Volumen der Kavität vergrößert (Expansion) und dadurch ein Druckabfall in der verbleibenden Schmelze generiert. Die Volumenvergrößerung kann durch Aufziehen des Werkzeuges oder durch Zurückfahren von Kernen realisiert werden. Während dieser Werkzeugbewegung kann das Werkzeug abgedichtet werden, z. B. über eine Tauchkante oder vorgespannte Trennung. Schematische Beispiele für die Abdichtung der Trennung während der Expansion sind in Bild 8.6 dargestellt. Während die beiden ersten Varianten eher für die Abdichtung der Haupttrennung geeignet sind, kann die dritte Variante für kleinere Durchbrüche genutzt werden. Die vierte Variante bietet sich an, sofern die beiden ersten Varianten an der äußeren Bauteilkante nicht – oder nur sehr aufwendig – realisiert werden können.

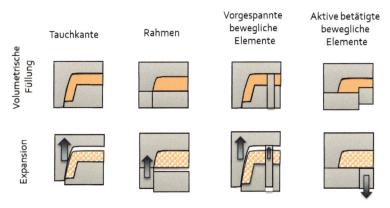

Bild 8.6 Werkzeugvarianten für die Abdichtung während der Expansion [Bildquelle: GK Concept GmbH]

Da sich bereits bei der volumetrischen Füllung und dem anschließenden Nachdruck eine kompakte Randschicht gebildet hat, kann auch auf spezielle Abdichtgeometrien verzichtet werden. Der Nachteil dabei sind allerdings unscharfe Konturen (dargestellt in Bild 8.7). Auch scharfe Kanten im Hubbereich sind kritisch zu beurteilen. Je nach Material und Prozessparametern, bildet sich eine mehr oder weniger steife Randschicht aus, die durch inneren Expansionsdruck nicht in alle Bereiche der Kavität abgeformt werden kann.

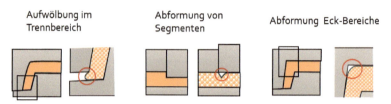

Bild 8.7 Spezifische Formteileigenschaften bei TSG mit Öffnungshub
[Bildquelle: GK Concept GmbH]

Der Vorteil des Hochdruck-TSG-Prozesses, im Gegensatz zum Niederdruckverfahren, liegt darin, dass man mit dem Nachdruck ein homogenes Drucklevel vor dem gezielten Druckabfall mit der Werkzeugöffnung generiert. Dadurch werden eine homogenere Schaumstruktur und eine gleichmäßigere Dichteverteilung erreicht. Auch die möglichen Dichtereduktionen sind mit Öffnungshub viel größer. Wenn die finale Wandstärke gleich bleibt, muss jedoch beachtet werden, dass dann die Startwanddicke um den entsprechenden Hub verringert werden muss, was die Spritzdrücke wiederum in die Höhe treibt, oder zusätzliche Düsen erforderlich macht.

Außerdem nimmt natürlich die mechanische Performance des Bauteils ab. Jedoch nicht im gleichen Verhältnis wie bei der Dichtereduktion. Bei flächigen Bauteilen kann aber durch eine Erhöhung der Gesamtwandstärke durch den Hub, unter Beibehaltung der gleichen Maße, eine Erhöhung der Steifigkeit erzielt werden (siehe dazu Kapitel 7).

Benennung			kompakte Referenz	kompakt reduzierte Dicke	TSG leichter	TSG steifer	TSG leichter und steifer
Abbildung			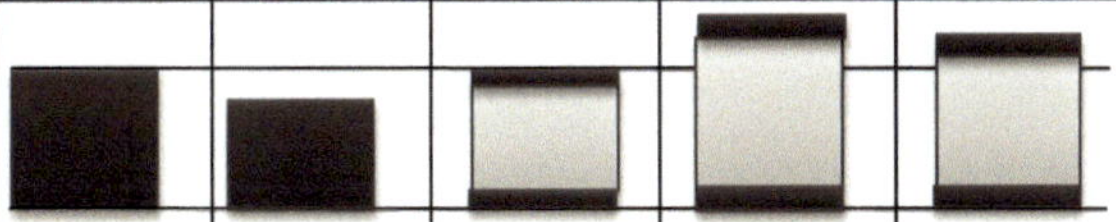				
Eingabewerte							
Erzeugnisdicke	D	mm	2,5	2	2,5	3	2,8
Hub	H	mm	0	0	0,5	0,5	0,8
Startwandstärke	d	mm	2,5	2	2	2,5	2
Gesamtdichtereduktion	Δp	%	0,00	0,00	0,20	0,17	0,29
relative Biegesteifigkeits-Änderung	ΔS_B	%	100	51	88	152	114
Referenzgewicht	m_R	g	10	8	8	10	8

Bild 8.8 Vergleich Steifigkeit – Gewicht [Bildquelle: GK Concept GmbH]

8.2.3 Anwendungsbeispiel 1: Softtouch-Oberflächen mit Hochdruck-TSG

Weiche Oberflächenanmutungen für Verkleidungsteile im Automobilinterieur sind Stand der Technik, und werden meist in einem dreistufigen Prozess aus Dekor, Schaum und Träger hergestellt. Der Aufbau besteht dabei aus verschiedenen Materialarten, was ein effektives Recycling erschwert. Zusätzlich ist der Aufwand für Herstellung und Logistik der einzelnen Komponenten hoch.

Eine Alternative dazu stellen im Hochdruck-TSG-Verfahren geschäumte TPE-Oberflächen dar. Dafür kann ein PP-Träger (Kompaktspritzguss oder Niederdruck-TSG) in einem 2K-Spritzprozess mit einer TPE-Komponente im Hochdruck-TSG-Verfahren überflutet werden. Der Verbund aus PP und TPE ergibt ein sortenreines System, was sich sehr gut recyceln lässt. In Bild 8.9 sind Resultate aus Demonstrator- und Versuchsbauteilen mit dem Hochdruck-TSG-Prozess dargestellt.

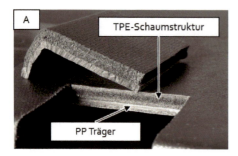 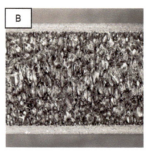

Bild 8.9 Beispielbauteile Hochdruck-TSG mit TPE: A: 2K-Demonstratorbauteil; B: 1K-TPE-Schaumstruktur [Bildquelle: GK Concept GmbH]

Die Herausforderung bei dieser Anwendung liegt in der Erzeugung einer homogenen und feinzelligen Schaumstruktur über die gesamte Bauteilfläche, welche den haptischen Anforderungen gerecht wird, und deren Oberfläche (kompakte Randschicht) gleichzeitig den Anforderungen an Sichtbauteile im automobilen Interieur gerecht wird. Für das TSG-Verfahren typische Oberflächendefekte, wie Silberschlieren, Kaltverschiebung und Schmelze-Eruptionen, müssen also vermieden werden! Dazu können Sonderverfahren, wie wechseltemperierende Prozessführung oder das Gasgegendruckverfahren, genutzt werden, die jedoch mit erhöhten Prozess- oder Werkzeugkosten verbunden sind. Soll aus Kostengründen auf diese Sonderverfahren verzichtet werden, können auch durch gezielte Formteilauslegung, Prozessführung und Materialmodifikation gute Schaum- und Oberflächenqualitäten erzielt werden.

Während der Füllphase sollte die Nukleierungsrate so gering wie möglich gehalten werden, und so wenig Gas wie möglich an der Schmelzefront austreten.

In der Nachdruckphase, d. h. vor der Expansion in der Kavität, die die finale Nukleierung initiiert, sollte ein nahezu homogenes Druck- und Temperaturniveau im expandierbaren Schmelzekern hergestellt werden. In der Formteilauslegung muss demnach auf homogene Wandstärken und auf gleichmäßige Fließquerschnittsübergänge mit geringen Druckabfallraten geachtet werden.

Von besonderer Bedeutung für die Bauteilqualität sind dabei die Materialeigenschaften. Es müssen Materialien mit hoher Schmelzefestigkeit eingesetzt werden. Die Schmelzefestigkeit von TPE-Spritzgießmaterialien kann durch gezielte Materialmodifikationen beeinflusst, und damit für den TSG-Prozess verbessert werden.

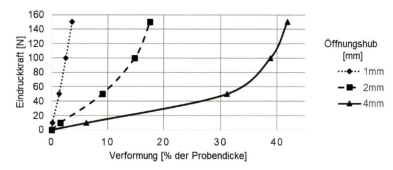

Bild 8.10 Druckversuche an Proben mit verschiedenen Öffnungshüben
[Bildquelle: GK Concept GmbH]

Auch die Haptik und die Eindruckhärte der Oberfläche können über die Materialmodifikationen eingestellt werden. Darüber hinaus kann, wie in Bild 8.10 zu sehen, auch über Prozessgrößen, wie beispielsweise den Öffnungshub, die Eindruckhärte angepasst werden. Je größer der Öffnungshub, desto geringer die Eindruckhärte der erzeugten Schaumstruktur. Außerdem kann auch die Nachdrucklänge, die die Dicke der kompakten Randschicht beeinflusst, die Eindruckhärte beeinflussen.

Voraussetzung ist – wie gesagt – eine möglichst homogene Temperatur- und Druckverteilung *vor* der Expansion. Prognosen darüber können durch Prozesssimulationen generiert werden. Ein Beispiel dazu ist in Bild 8.11 zu sehen. Für das im Bild genutzte Material liegt die für eine Expansion mögliche Temperatur der Schmelze zwischen 103 °C–130 °C. Unterhalb dieses Bereichs ist das Material erstarrt und es kann nicht mehr expandieren. Oberhalb dieses Bereichs ist die temperaturabhängige Schmelzefestigkeit noch zu gering, sodass die Zellwände bei der vorgegeben Expansion aufreißen. Die kritischen Bereiche können aus der Simulation heraus identifiziert werden.

Die Anforderung an die Materialmodifikation besteht darin, den Temperaturbereich für eine Expansion zu vergrößern.

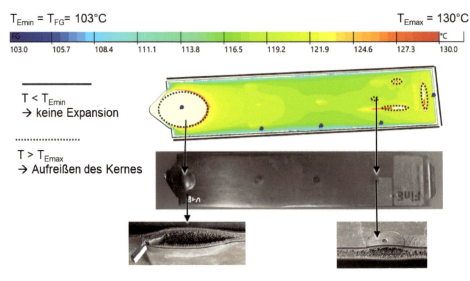

Bild 8.11 Temperaturverteilung im Formteilkern zum Expansionszeitpunkt
[Bildquelle: GK Concept GmbH]

8.2.4 Anwendungsbeispiel 2: Hochdruck-TSG für flächige Sichtbauteile

Ein weiteres Anwendungsbeispiel sind Bauteile wie Sichtblenden und Abdeckungen. Bei diesen kann durch den Öffnungshub die Biegesteifigkeit der Fläche signifikant vergrößert werden. Im Bild 8.12 ist eine Motorabdeckung aus Polyamid GF30 dargestellt. Die finale Wanddicke des Bauteils ist 3,5 mm. Es wurde ein Öffnungshub von 1 mm verwendet. Die Startwanddicke für die volumetrische Füllung war somit 2,5 mm. Verglichen zu einem 2,5 mm dicken Kompaktbauteil wird die Biegesteifigkeit mehr als verdoppelt bei gleichem Gewicht.

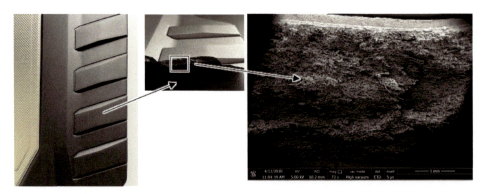

Bild 8.12 Motorabdeckung aus PA GF30 mit Hochdruck-TSG und 1 mm Öffnungshub
[Bildquelle: GK Concept GmbH]

Besonders günstig für diesen Prozess ist in diesem Fall die Verwendung von Polyamid. Dieser Werkstoff hat eine hohe Schmelzefestigkeit, die sich positiv auf Oberflächendefekte auswirkt, und bewirkt somit schlierenfreie Oberflächen, auch ohne spezielle Werkzeug- und Verfahrenstechnik. Zusätzlich wirken die Glasfasern als Nukleierungspunkte, was eine feinzellige Struktur begünstigt. In der REM-Aufnahme im Bild 8.12 (rechts) ist die sehr homogene und feinzellige Zellstruktur über den Querschnitt zu sehen.

8.2.5 Anwendungsbeispiel 3: Niederdruck-TSG

Ein Anwendungsbeispiel für Niederdruck ist der in Bild 8.13 dargestellte Instrumententafelträger. Bei diesem konnten gleichzeitig mehrere Vorteile des TSG-Prozesses genutzt werden. Dabei muss man berücksichtigen, dass das Bauteil für Kompaktspritzguss ausgelegt wurde, und durch eine TSG-gerechte Auslegung das Optimierungspotenzial noch deutlich größer hätte sein können.

Kompakt: Referenzgewicht 4450g; Schließkraft 1700t; Zyklus 79s

TSG MuCell®: Gewicht 4100g (-7,8%); Schließkraft 850t; Zyklus 67s

Bild 8.13 Instrumententafelträger: Vergleich Kompaktspritzguss vs. TSG-Prozess
[Bildquelle: GK Concept GmbH]

Durch die Nutzung des TSG-Prozesses konnte eine Gewichtsreduktion von 7,8 % im Vergleich zum kompakten Bauteil erzielt werden. Besonders stark wirkte sich die Schließkraftreduktion von 1700 t auf 850 t mit TSG aus. Ein weiterer Vorteil ist in diesem Fall die Reduktion der Zykluszeit von 79 s auf 67 s, die einerseits durch das Entfallen der Nachdruckzeit, zum anderen durch die verkürzte Einspritzzeit ermöglicht wurde.

9 Anwendungsbeispiele aus dem Bereich Automotive

■ 9.1 Einleitung

Die Markteinführung des physikalischen Schäumens begann bei den großen Spritzgießmaschinenherstellern und einschlägigen Universitäten und Instituten um das Jahr 2000. Im industriellen Bereich war es die Automobilbranche, die die Möglichkeiten des Schäumens insbesondere für das Einsparen von Gewicht bei Kunststoffteilen angewandt hat (man vergleiche hierzu auch die eindrucksvolle Entwicklungskurve TSG-Anwendungen im Automobilbereich in Bild 1.1). Der industrielle Leichtbau war hier insofern von großer Bedeutung, als sich der Druck von staatlicher Seite seit den 1990er Jahren mit Vorgaben von immer strengeren CO_2-Zielen aufbaute. Seit 2011 gibt es die Vorschrift für Autohändler, jeden Neuwagen mit einem „CO_2-Label" zu versehen. Wie bei Haushaltsgeräten bedeuten ein grüner Balken „sehr effizient" und ein roter „weniger effizient". So können die CO_2-Emissionen eines Autos mit den Emissionen eines Neuwagens in der gleichen Gewichtsklasse verglichen werden.

„Zu beachten ist ..., dass die Bewertung in Relation zum Fahrzeuggewicht vorgenommen wird. Das erscheint erst mal sinnvoll: Ein großes Kühlgerät wird ja auch anders bewertet als ein kleiner Kühlschrank. Allerdings kann nach diesem System ein Kleinwagen schlechter abschneiden als ein großer SUV – ein grüner Balken bedeutet also noch lange nicht, dass ein Fahrzeug umweltfreundlich ist." [1]

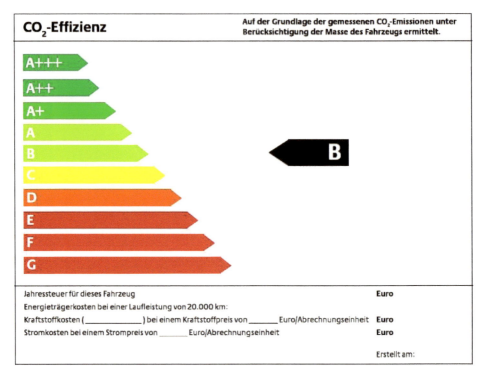

Bild 9.1 Label für CO_2-Ausstoß und Klimabilanz für Pkw [Bildquelle: BM für Wirtschaft und Klimaschutz, Stand: 12.10.2021]

Die Firma Trexel beauftragte schon im Jahr 2008 ein unabhängiges Institut, um die Auswirkungen von geschäumten Kunststoffbauteilen auf das Gewicht von Autos – und damit auf den CO_2-Ausstoß – zu untersuchen [2]. Die Grundlage der Berechnungen des Instituts bildete eine sogenannte „cradle-to-gate" Analyse. Der Ausgangspunkt für diese Art der Produktbetrachtung ist die heute viel zitierte CO_2-Bilanz, der ökologische Fußabdruck, der von Produkten in bestimmten Lebensstadien verursacht wird. Hierbei gibt es verschiedene Aspekte: Die „cradle-to-grave" Analyse untersucht den gesamten Produktionszyklus – also von der Rohstoffgewinnung, über die Herstellung und Verarbeitung, den Transport, die Nutzung und den Verkauf, bis hin zur Entsorgung.

In unserem Fall der zitierten Studie hat man allerdings die Produkte nur bis dahin bewertet, bis diese die Werkstore verlassen haben, und bevor sie zur weiteren Montage transportiert wurden, die oben bereits erwähnte „cradle-to-gate" Analyse. Diese Art der Analyse reduziert die Komplexität einer „cradle-to-grave" Untersuchung erheblich, gibt aber auch einen schnelleren Einblick in die Umweltverträglichkeit von bestimmten Produkten. Für das Marketing und den Verkauf sind solche Ergebnisse ein wichtiges Instrument, die Nachhaltigkeit von TSG zu unterstreichen, und den Kunden die Vorteile gegenüber dem Kompaktspritzguss deutlich zu machen.

Als Grundlage der Studie wurden Kunststoffteile mit einem Gesamtgewicht von ca. 90 kg bewertet. In der Studie wurde ein Produktionsvolumen von 100 000 Autos zugrunde gelegt. In einem ersten Szenario wurden durch das reine Schäumen der Bauteile mit konventionellem Design 7 – 10 % Material eingespart. Dies entsprach einer Gewichtseinsparung von ca. 7 kg pro Fahrzeug.

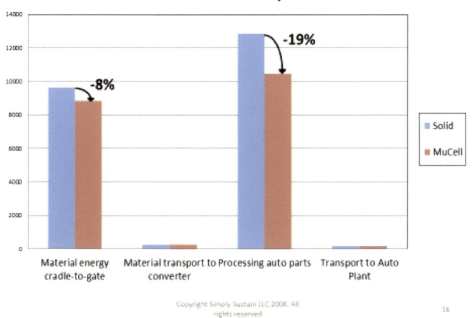

Bild 9.2 Szenario 1 – CO_2-Emissionen [Bildquelle: Trexel GmbH]

In einem zweiten Szenario wurden ca. 16 % Material (ca. 14 kg) eingespart, indem meist nur geringe schäumgerechte konstruktive Änderungen an den Bauteilen vorgenommen wurden (sogenannte topologische Bauteilauslegung). Bei Anwendung der topologischen Bauteilauslegung, also im Szenario 2, konnte der CO_2-Ausstoß um 1.762 t (18 %) gesenkt werden. Wenn man dann noch die schnelleren Zykluszeiten berücksichtigte, die mit dem MuCell®-Verfahren erreicht werden konnten, verminderte sich der CO_2-Ausstoß um weitere 3.233 t – also fast um ein Drittel!

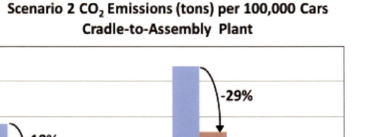

Bild 9.3 Szenario 2 – CO_2 Emissionen [Bildquelle: Trexel GmbH]

Aufgrund eines solchen virtuellen Einsparpotenzials gilt es nach handfesten Gründen zu suchen, führt man TSG nicht ein.

■ 9.2 Schlossgehäuse

Echte Pionierarbeit im Bereich des physikalischen Schäumens wurde bei der Produktion von Schlossgehäusen geleistet, obwohl hier die Gewichtseinsparung *nicht* im Vordergrund stand. Der Fokus bei diesen sicherheitsrelevanten Bauteilen lag bei der Verbesserung der Bauteilqualität.

Bei einem Schlossgehäuse, das in einer Autotür verbaut wird, müssen extreme Temperaturunterschiede beherrschbar sein. So kann im Sommer die Temperatur in der Tür ohne weiteres weit über 50 °C betragen, im Winter dagegen sehr niedrige Minusgrade. Damit haben die Einflussgrößen „Verzug", „Schwindung", „Eigenspannung" und „Dimensionsstabilität" enorme Bedeutung für die Qualität des Bauteils.

Bild 9.4 Schlossgehäuse oder auch Schlossträger [Bildquelle: KraussMaffei Technologies GmbH]

Im Jahr 2003 begann die erste Entwicklung eines geschäumten Schlossgehäuses. Bei diesen Bauteilen müssen bis zu 600 Maße eingehalten werden. Heute werden täglich bei einem einzigen Hersteller über 50 000 dieser Bauteile hergestellt. Dies geschieht auf 120 t und 260 t Maschinen mit 2+2 Werkzeugen und auf 420 t Maschinen mit 4+4 Werkzeugen. Im Kompaktspritzguss würde man aufgrund der hohen Toleranzanforderungen in der Regel kein Etagenwerkzeug verwenden. Da man beim Schäumen keinen Nachdruck benötigt und der Druck sich gleichmäßig verteilt, eignet sich jedoch in diesem Falle diese Art von Werkzeugtechnik.

Trotz der höheren Zahl von Kavitäten kann die Schließkraft gesenkt werden. Im Laufe der Zeit konnte bei unserem Beispiel auch festgestellt werden, dass die Werkzeuge beim Schäumen nicht so beansprucht wurden wie beim Kompaktspritzguss. Es war normal, die Werkzeuge nach einer bestimmten Schusszahl im Kompaktspritzguss zu überarbeiten oder gar zu ersetzen. Beim Schäumen konnten hingegen wesentlich höhere Schusszahlen erreicht werden, da das Druckniveau hierbei niedriger ist. Die Vorteile beim Schäumen dieser Bauteile bestehen darüber hinaus in Materialersparnis, Minimieren des Verzugs und der Einfallstellen sowie der geringeren Schließkraft der Spritzgießmaschinen. Durch den damals noch mutigen Schritt, vom Kompaktspritzguss auf physikalisches Schäumen bei einem sicherheitsrelevanten Bauteil zu wechseln, hat ein mittelständisches Unternehmen dazu beigetragen, einen neuen Standard für die Herstellung von Schlossgehäusen zu definieren.

 Gewichtsreduktion ist bei weitem nicht alles beim Schäumen mit TSG. Entwerfen Sie eine Wunschliste, welche Vorteile Ihnen TSG bei Ihrem Bauteil idealerweise bringen sollte. Sie werden staunen, was davon mittlerweile alles umsetzbar ist.

■ 9.3 Türbrüstung

Die „Türbrüstung oben" (siehe Bild 9.5) war ein weiterer Meilenstein bei der Einführung des physikalischen Schäumens in Europa. Einer der größten Automobilhersteller der Welt gab eine Türbrüstung in Auftrag, bei der die Energieabsorption mindestens genauso gut sein sollte wie bei den bisherigen Modellen. Zusätzlich war gefordert, dass die Einfallstellen durch die hinterspritzte Folie nicht sichtbar sein sollten. Eine weitere Hürde war es, die Einhängeleiste zu eleminieren. Diese Einhängeleiste war ein Montage-Hilfsbauteil und konstruktionsbedingt erforderlich, um die Türbrüstung zu befestigen. Diese Einhängeleiste verteuert das Gesamtkonzept immens, da die Einhängeleiste in einem weiteren Schweißprozess in die Brüstung eingeschweißt werden musste. Um bei einer neuen Konstruktion Gewicht, und somit auch Kosten, zu sparen, war gefordert, diese Einhängeleiste entfallen zu lassen. Durch den Wegfall dieser Leiste im Kompaktspritzguss wäre deswegen eine Grundwanddicke von mehr als 4 mm notwendig. Mit anderen Worten, im Kompaktspritzguss hätte der Entfall der Einhängeleiste keinen Gewichtsvorteil gebracht. Um aber die weiteren Sicherheitsanforderungen erfüllen zu können, mussten Grundwanddicke sowie auch die Rippendicke angepasst werden. Das kompakte Design war aber nicht ohne Einfallstellen herstellbar. Ebenso konnten die mechanischen und crashtestspezifischen Anforderungen im Kompaktspritzguss nicht eingehalten werden.

Bild 9.5 Türbrüstung oben [Bildquelle: Trexel GmbH]

Hier schlug nun die Geburtsstunde des Schäumens mit verändertem Design (topologische Bauteilauslegung). Aufgrund der Möglichkeit, ein Kunststoffbauteil komplett anders zu konstruieren und Rippen und Wanddicken im Verhältnis von 1:1 auslegen zu können, entstand ein komplett anderer Aufbau der Türbrüstung. Heute wissen wir, dass die weitaus größten Möglichkeiten zur Gewichtserleichterung – und damit für den Leichtbau – in der topologischen Bauteilauslegung liegen.

Mit dem physikalischen Schäumen war es möglich, eine dünnere Grundwanddicke zu realisieren und eine biegeweichere Ausführung zu verwirklichen. Die Energie, die im Crashfall durch den Kopfaufschlag in die Brüstung eingebracht wird, konnte durch eine dahinterliegende Rippenkonstruktion besser absorbiert und abgebaut werden. Es wurde sogar erreicht, dass die Ergebnisse des Kopfaufschlagtests verbessert werden konnten. Die so veränderte Konstruktion durch die topologische Bauteilauslegung erbrachte eine Gewichtsreduktion von 20 % und durch den Wegfall der Einhängeleiste nochmals 14 %! Hinzu kamen noch einmal 6 % Dichtereduktion durch das Schäumen des Materials.

Kostenseitig bewirkte der Entfall der Einhängeleiste die Einsparung des entsprechenden Werkzeugs und des zusätzlichen Arbeitsganges. Konsequenterweise entfielen der Schweißprozess sowie dessen Peripherie. Insgesamt konnte man einen Gewichtsvorteil von ungefähr 40 % gegenüber der kompakten Türbrüstung verzeichnen. Wenn man alle diese konstruktiven Vorteile berücksichtigt, erzielte man eine Gewichtseinsparung bei 4 Türbrüstungen von ca. 1 kg pro Auto.

Schon in der Entwicklungsphase eines Bauteils sollten Sie überlegen, welche alternativen konstruktiven Möglichkeiten mit TSG möglich sind. Denken Sie dabei immer an die topologische Optimierung!

■ 9.4 Scheinwerfergehäuse

„Als 1886 Gottlieb Daimler das weltweit erste Kraftfahrzeug mit Verbrennungsmotor baute, setzte man für die Beleuchtung auf Kerzen. Diese wurden schlicht von den Kutschen übernommen." [3] Die Kerzen wurden von Karbidlampen abgelöst. Erst ein Vierteljahrhundert später (1913) wurde von Bosch der erste elektrische Scheinwerfer der Welt ins Auto gebracht.

Bild 9.6 Bosch-Licht, bestehend aus Scheinwerfer, Lichtmaschine und Reglerschalter an einem Mercedes 10/25 PS, 1913 [Bildquelle: Bosch]

Dies blieb bis in die 1990er Jahre der Standard und wurde danach mit Halogen, Xeon und LED weiterentwickelt. Die Scheinwerfer des Citroën DS (1968), die „um die Ecke" leuchten konnten, waren so etwas wie der Beginn, die Scheinwerfer auch zu einem Designobjekt zu machen. Heute sind die Scheinwerfer ganz wesentlich zum Marken-Erkennungs-Merkmal von Autos geworden.

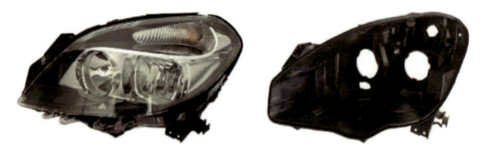

Bild 9.7 Scheinwerfergehäuse aus PP GF 10 T20 [Bildquelle: Trexel GmbH]

Mit dieser Entwicklung ging einher, dass die Scheinwerfergehäuse immer höheren – und genaueren – Maßhaltigkeiten genügen mussten. Hier kommen die Vorteile des Schäumens ins Spiel. Die hohen Ansprüche an die Maßhaltigkeit und die Verzugsminimierung waren unter anderem die treibende Kraft, die Herstellung der

Gehäuse zu schäumen. Neben der Verbesserung des Einschraubverhaltens in die Dome kam ein verbessertes Füllverhalten in die Kavitäten zum Tragen. Die Dichtereduzierung von ca. 9 % und die Reduzierung der Zuhaltekraft um ca. 50 % kamen als willkommene „Nebenerscheinungen" hinzu. Diese Einflussgrößen tragen natürlich auch zu einem besseren CO_2-Fußabdruck bei.

 Maßhaltigkeit und Verzugsminimierung haben oft auch positive Auswirkungen auf die Montage der Bauteile. Teilweise können durch die qualitativen Verbesserungen einzelne Montageschritte automatisiert werden.

■ 9.5 Heckspoiler Unterschale

TSG-Bauteile mit guten Oberflächen sind immer noch eine Herausforderung und bedürfen besonderer technologischer Maßnahmen. Diese Problematik wurde bereits weiter oben angesprochen. Mögliche Lösungen hierfür sind die Wechsel-Temperierung, Beschichtung des Werkzeugs oder die Wahl eines geeigneten Werkstoffs. Beim Heckspoiler im gezeigten Beispiel (siehe Bild 9.8 und Bild 9.9) hatte man sich hinsichtlich des Materials für ein optimiertes PA6 GF35 entschieden. Dies ermöglichte eine akzeptable Erodieroberfläche. Durch das Schäumen des Bauteils konnten die Einfallstellen eliminiert werden, trotz der dünneren Konstruktion. Der Verzug wurde signifikant verbessert. Darüber hinaus konnten sogar durch die topologische Bauteilauslegung das Gewicht um 25 %, die Zykluszeit um 15 % und die Schließkraft um 25 % reduziert werden.

Bild 9.8 Heckspoiler Unterschale [Bildquelle: Trexel GmbH]

Bild 9.9
Heckspoiler Unterschale – Detailansicht [Bildquelle: Trexel GmbH]

 TSG und gute Oberflächen sind kein Widerspruch mehr! Es gibt verschiedene technische Lösungen, dies zu beherrschen (siehe dazu auch Abschnitt 3.5).

■ 9.6 Außenspiegelhalter

Ein weiteres Beispiel aus dem Exterieurbereich ist der Spiegelhalter. Hierbei steht die Maßhaltigkeit, bzw. das Einhalten von sehr engen Toleranzen für die Montage, im Fokus. Das hier gewählte Bauteil (siehe Bild 9.10) wurde aus einem PA6/6, MN25 GF15 gefertigt. Besonderes Augenmerk galt dem Spiegelgelenk. Es muss in seiner Position bleiben – aber auch beim Einklappen den besonderen Anforderungen entsprechen. Darüber hinaus besteht bei Spiegelhaltern die Herausforderung, die Vibration beim Fahren zu kompensieren. Die zellulare Struktur des Bauteils war für diese Anforderung sehr hilfreich.

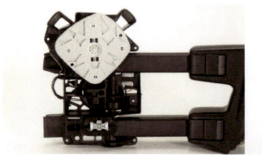 

Bild 9.10 Automotive Außenspiegelhalter [Bildquelle: Trexel GmbH]

Mit dem Resultat konnte man zufrieden sein: Der Verzug wurde erheblich minimiert, die Maße verbessert und die flachere Oberfläche ermöglichte eine einfachere Montage. Es gab keine gebrochenen Sockel mehr und trotz dieser mechanischen Änderungen verblieb die Steifigkeit bei 96%. Das Gewicht konnte um 15%, die Zykluszeit sogar um 50% reduziert werden.

 Die zellulare Struktur eines TSG-Bauteils kann gezielt zur Verbesserung der mechanischen Beanspruchung eingesetzt werden. In der lebenden Natur findet man so gut wie kein Objekt, das keine zellulare Struktur hat – vom Grashalm über das Lotusblatt bis hin zum Baumstamm. Die Bionik hat uns längst gelehrt, welche Vorteile es haben kann, Phänomene der Natur auf die Technik zu übertragen.

■ 9.7 Griffblende IML

In Kapitel 4 wurde bereits eine Griffblende in den einzelnen Konstruktionsschritten skizziert. Da dieses Anwendungsbeispiel aber dermaßen viele innovative Elemente enthält, kommen wir noch einmal darauf zurück – dieses Mal mit dem Fokus auf dem Werkzeug.

Bild 9.11
Griffblende [Bildquelle: Trexel GmbH]

Die Besonderheit bei der Herstellung dieses gezeigten Bauteils lag in dem Gebrauch eines Aluminiumwerkzeugs. Dadurch konnten erhebliche Kostenvorteile erzielt werden. Das klingt zunächst wie ein Widerspruch, wenn man die reinen

Materialkosten für das Werkzeug betrachtet: Wenn man für ein bestimmtes Stahlwerkzeug z. B. 10 000 € Materialkosten veranschlagt, kostet ein entsprechendes Aluminiumwerkzeug an die 15 000 € – also ungefähr 1,5-mal so viel. Die Konstruktion für beide Varianten ist die gleiche. Allerdings muss man bei einem Stahlwerkzeug das Erodieren und Fräsen berücksichtigen – beim Aluminiumwerkzeug kann man dagegen direkt in das Aluminium fräsen. Die Zeiteinsparung bei der Werkzeugerstellung beträgt ca. 60 %. Gegenüber dem Stahlwerkzeug ergibt das Ersparnisse von ca. 30 – 40 % der Werkzeugkosten. Somit würde unter diesen Bedingungen das fertige Stahlwerkzeug ca. 100 000 €, das Aluminiumwerkzeug aufgrund der schnelleren Bearbeitung aber nur ca. 60 – 70 000 € kosten. Die Vereinfachung des Werkzeugkonzepts sowie die Bauzeitreduktion führen zu einer erheblichen Kostenoptimierung.

Die Vereinfachung des Werkzeugkonzepts lag in dem gezeigten Beispiel auch daran, dass die Schraubdome direkt auf die Fläche des Bauteils gelegt werden konnten. Die Einfallstellen beim Kompaktspritzguss erforderten hingegen eine Konstruktion mit Schiebern (sogenannte Dog-Housings).

Bild 9.12 Detailansicht: Links das alte Konzept für Kompaktspritzguss – rechts die neue Konstruktion für TSG [Bildquelle: Trexel GmbH]

Bild 9.13 Gesamtansicht des Bauteils: Vereinfachung des Werkzeugkonzepts – Schraubdome beim Kompaktspritzguss versus beim Schäumen [Bildquelle: Trexel GmbH]

Ein weiterer Vorteil der geschäumten Variante bestand darin, dass weniger Verzug und weniger Ausschuss erzeugt wurden. Darüber hinaus wirkte sich der geringere Werkzeuginnendruck positiv auf das folienhinterspritzte Bauteil aus und es kam zu keinen Auswaschungen auf der Folie.

Die topologische Bauteilauslegung kombiniert mit dem vereinfachten und optimierten Werkzeugkonzept führte in unserem Beispiel zu einer Gewichtsreduzierung von ca. 40 %.

 TSG eröffnet neue Wege für den Werkzeugbau: Ein teureres Rohmaterial bedeutet nicht gleichzeitig die Verteuerung des Gesamtkonzepts, da die Fertigungskosten, wie z. B. bei Aluminium, im Vergleich zu einem Stahlwerkzeug erheblich reduziert werden.

■ 9.8 Instrumententafelträger

Heute kann man bei einem Blick in das Cockpit eines Autos eine Menge von TSG-Bauteilen identifizieren, wobei das zentrale Bauteil hiervon der Instrumententafelträger ist. Hierzu zählen z. B. Luftführungen, Blenden, Elektronik- und Steuergeräte, Knie-Pads, Gerätehalter im Display, Airbag-Abdeckungen, Handschuhfach Deckel, Halter, Luft-Ausströmklappen, Displayrahmen, um nur einige zu nennen. Mit anderen Worten: TSG-Bauteile sind aus diesem Bereich nicht mehr wegzudenken.

Die Serienherstellung von Instrumententafelträgern bei den großen Automobilherstellern begann erst ca. 10 Jahre nach der Einführung des weltweit ersten physikalischen Schäumverfahrens, des MuCell®-Verfahrens. Das Vertrauen in die Möglichkeiten einer alternativen Konstruktion, mit deren nachhaltiger Funktionalität und deren Vorteilen, war derart gewachsen, dass man begann, diese großen und sehr komplexen Bauteile mit dem neuen Verfahren zu fertigen.

Bild 9.14 Instrumententafelträger [Bildquelle: Trexel GmbH]

Für die Herstellung wurden 2700 t Spritzgießmaschinen mit einer 135 mm-Schnecke eingesetzt. Zwar konnte die Schließkraft um mehr als 40 % gesenkt werden, aber die Größe der Bauteile erlaubte es leider nicht, auf kleinere Spritzgießmaschinen umzustellen. Der dadurch erzielte geringere Energieverbrauch wirkt sich positiv auf die Kostenrechnung aus. Hinzu kommt eine Gewichtserleichterung von 8 %. Das Gesamtgewicht von Fahrzeugen beeinflusst die Kraftstoffeffizienz – ein bedeutendes Kaufkriterium für jeden Fahrzeugkäufer. Die Zykluszeitersparnis von ca. 20 % bedeutet zusätzlich eine erhöhte Produktivität und Kostenvorteile.

Bild 9.15 I-Tafelträger Unterteil [Bildquelle: Trexel GmbH]

Bild 9.16
I-Tafelträger Einheit
[Bildquelle: Trexel GmbH]

Eine Variante bei der Herstellung von Instrumententafeln ist das sogenannte „Dolphin-Verfahren", welches 2006/2007 von der Firma Engel Austria GmbH mit mehreren Partnern entwickelt wurde. Der Öffentlichkeit vorgestellte wurde dieses aus der 2K-Technologie abgeleitete Sonderverfahren auf der K 2007.

Bei diesem Verfahren sind das Spritzgießen und das physikalische Schäumen in einer Fertigungszelle zusammengefasst. In einem Wendeplattenwerkzeug wird in der Station 1 ein Träger spritzgegossen und im geschlossenen Werkzeug in der Station 2 wird dieser Träger mit einem gasbeladenen thermoplastischen Elastomer (TPE) überspritzt. Nach einer kurzen Abkühlphase, in der sich an der kalten Werkzeugkavitätenwand eine geschlossene und genarbte Randschicht bildet, wird das Werkzeug in dieser Station kontrolliert um ca. 3 mm geöffnet, sodass das gasbeladene TPE expandieren und eine Schaumschicht bilden kann (siehe Bild 9.17). Dadurch entsteht die gewünschte Soft-Touch-Oberfläche [4].

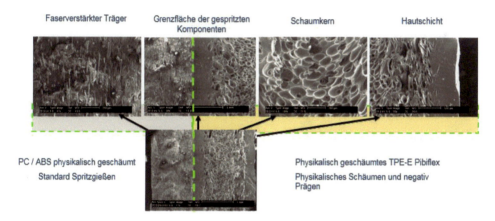

Bild 9.17 Gewünschter Schichtaufbau beim Dolphin-Verfahren [Bildquelle: BASF]

 Der enorm große Vorteil dieses Sonderverfahrens: Durch den Einsatz des Schäumverfahrens, nicht nur für das Trägermaterial, sondern auch für die Oberflächenschicht mit dem Design eines genarbten Leders, entfällt das Kaschieren. Eine große Kostensenkung, basierend auf einer genialen Idee!

Mit dem „Dolphin-Verfahren" ist das fertige Teil eine mehrschichtige Konstruktion aus Substrat, mikrozellularem Schaumkern und Soft-Touch-Haut. Strukturierte Einsätze können verwendet werden, um der Oberfläche z. B. das Aussehen von genarbtem Leder zu verleihen. Ein schönes Beispiel für die erste kommerzielle Umsetzung ist das komplette Armaturenbrett beim Mercedes-Benz Actros-LKW von Daimler, bei dem im Fahrerhaus die Blenden und Abdeckungen mit weicher Soft-Touch-Oberfläche gefertigt wurden.

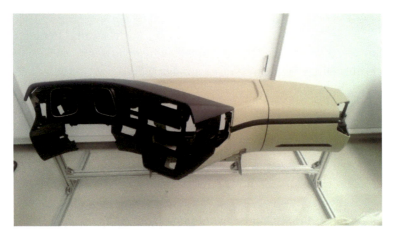

Bild 9.18 Armaturenbrett beim Mercedes-Benz Actros-LKW [Bildquelle: Daimler Truck AG]

Bild 9.19 Mehr Komfort im Fahrerhaus mit weicher Softtouch-Oberfläche [Bildquelle: Daimler Truck AG]

Eine neue Variante bzw. Weiterentwicklung dieser Kombinationstechnologie ist in Abschnitt 8.2.3 ausführlich beschrieben worden.

 Die Kostenreduzierungen beim TSG können weit mehr sein als nur Gewichtseinsparung. Oft finden wir auch Einsparmöglichkeiten beim Werkzeugbau und in der Montage von Bauteilen. Die in der Regel höhere Maßgenauigkeit und Dimensionsstabilität kann bei Montageprozessen zur Umstellung auf automatisierte Abläufe führen.

9.9 Türverkleidung und Kartentasche

Das Stichwort für die Entwickler bei der Anwendung des physikalischen Schäumens bei der Türverkleidung war „schäumgerechte Konstruktion" bzw. die topologische Bauteilauslegung, von der wir schon des Öfteren gesprochen haben: Es gilt, möglichst sämtliche Einflussgrößen des Schäumens schon bei der Vorentwicklung und später dann bei der Konstruktion zu berücksichtigen, und sich damit endgültig von der traditionellen Denkweise des Kompaktspritzgusses zu verabschieden.

Bild 9.20 Türverkleidung und Kartentasche [Bildquelle: Trexel GmbH]

Durch die geringere Viskosität beim Schäumen konnte die Grundwanddicke dünner konstruiert werden. Bei der Türverkleidung und der Kartentasche konnte ein Wanddicke-Rippe-Verhältnis von 1:1 realisiert werden, ohne dass Einfallstellen sichtbar wurden. Die Dichte wurde um 10 % verringert und die Zykluszeit in Kombination mit einem Etagenwerkzeug um mehr als 50 % reduziert! Der Werkzeuginnendruck verringerte sich durch den Schäumprozess. Dies wirkte sich positiv auf die Produktion der Kartentasche aus, da die hinterspritzte Folie nicht so stark strapaziert wurde wie beim Kompaktspritzguss.

Bild 9.21 Träger Türverkleidung [Bildquelle: Trexel GmbH]

Durch verfahrenstechnische Neuerungen, die nur mit dem Schäumen realisiert werden konnten, wurden sowohl ein Werkzeug als auch ein ganzer Montageprozess eingespart.

9.10 Griffhebel zur Lenksäulenverstellung

Bei einem Vortrag der Firmen Ejot Schweiz AG und Trexel GmbH auf dem Internationalen Fachkongress des VDI zu Kunststoffen im Automobilbau PIAE (Plastics in Automotive Engineering) in Mannheim wurden die Projektarbeiten zur Entwicklung eines geschäumten Griffhebels präsentiert. Das Projektziel war die Herstellung eines geschäumten Griffhebels, der alle vorgegebenen technischen Anforderungen erfüllte, um ihn in Großserie zu fertigen. [5]

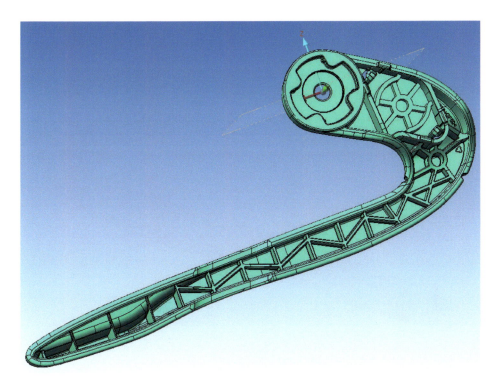

Bild 9.22 Griffhebel kompakt [Bildquelle: Ejot SE & Co. KG]

Die technischen Anforderungen bestanden darin, die Missbrauchskräfte in horizontaler und vertikaler Belastungsrichtung zu minimieren. Weiterhin ging es darum, die Crashkraft im Knieaufprall zu maximieren und einen definierten Bruchverlauf sicher zu stellen. Dies alles sollte mit einem möglichst geringen Bauteilgewicht und einer ästhetischen Oberfläche im Sichtbereich realisiert werden, und – last but not least – sollte ein konkurrenzfähiger Preis dabei herauskommen.

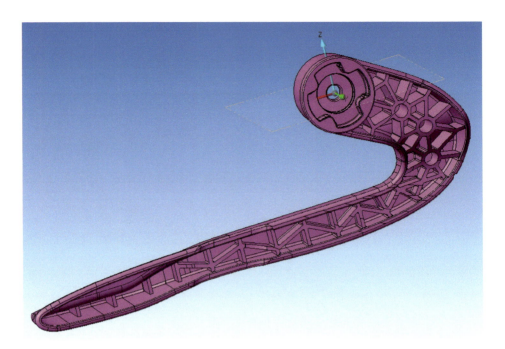

Bild 9.23 Griffhebel geschäumt [Bildquelle: Ejot SE & Co. KG]

Zur Lösung dieser Aufgabenstellung musste man sich von einem klassischen (kompakten) Spritzgießdesign verabschieden. Eine schäumgerechte topologische Konstruktion hat ein Wanddicken-Rippen-Verhältnis von 1:1 ermöglicht, Wanddickensprünge wurden beherrscht und der Anguss wurde von „dünn auf dick" ausgelegt. Durch die geringere Viskosität beim Schäumen ließen sich längere Fließwege realisieren. Ebenso war es möglich, die Wanddicken entlang des Fließweges flexibler zu gestalten und dünner zu konstruieren. Die Umsetzung dieser Maßnahmen wurde durch eine Füllbildsimulation und FEM-Berechnung ermöglicht. Schließlich stimmten Berechnung und Realität überein.

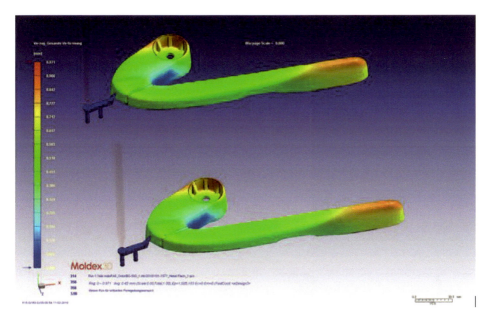

Bild 9.24 Die Verzugsberechnung wurde am kompakten Hebel durchgeführt
[Bildquelle: Ejot SE & Co. KG]

Das Artikelvolumen konnte von 47,923 ccm auf 43,087 ccm verringert, das Ausgangsgewicht im Kompaktspritzguss von 75,72 g auf 68,06 g reduziert werden. Nach dem Schäumprozess betrug das Bauteilgewicht sogar nur noch 64,5 g. Das heißt, dass die Gewichtsreduktion, verglichen mit der Ausgangsbasis, 14,8 % bzw. 11,22 g betrug.

Die einzelnen Schritte des Projekts bestanden aus:

- Voruntersuchungen an bestehenden Griffhebeln
- Simulation hinsichtlich des Verzugsverhaltens
- FEM-Berechnung
- realen Bauteilversuchen
- Validierung der FEM-Berechnungen

Das Resultat war die Aufhebung der konservativen Designbeschränkungen. Es gelang, ein funktions- bzw. belastungsgerechtes Design zu realisieren, welches das Bauteilgewicht reduzierte und den Steifigkeitsanforderungen in Kombination mit ästhetischer Oberfläche genügte. Der Wegfall des Nachdrucks beim Schäumen ermöglichte eine Schließkraft- und Zykluszeitreduzierung. Der Schwindungsausgleich durch den homogenen Druck verringerte den Bauteilverzug und ermöglichte die Einhaltung der engen Toleranzen. Durch die Reduktion der Viskosität wurden längere Fließweg-Wanddicken-Verhältnisse erreicht.

Bild 9.25 Geschäumter Hebel (Rippen- bzw. Auswerferseite) [Bildquelle: Ejot SE & Co. KG]

Bild 9.26 Geschäumter Hebel (Bedien- bzw. Düsenseite) [Bildquelle: Ejot SE & Co. KG]

Die pragmatische Herangehensweise beim Projekt war gleichzeitig ein Hinweis, die mikrozellularen Strukturen generell in der FEM-Berechnung durch die Ermittlung der entsprechenden Materialkennwerte zu ermöglichen. Heute ist es schon gängige Praxis, die mikrozellularen Strukturen in der Simulation zu berücksichtigen.

■ 9.11 Anschlagdämpfer

Mit der Entwicklung der Anschlagdämpfer aus geschäumtem TPU gelang es einem französischen Automobilzulieferer, ein neues Anwendungsfeld für geschäumte Bauteile zu entdecken: Dämpfungseigenschaften. Diese Eigenschaft wurde später auch bei der Herstellung von Laufschuhen eingesetzt (siehe hierzu auch Kapitel 11.5).

Das Unternehmen befasst sich hauptsächlich mit der Produktion von vibrationsdämpfenden Gummi- und Metallkomponenten. Zur Erweiterung des Produktportfolios von Gummikomplettlösungen gelang es dem Unternehmen, einen geschäumten

Anschlagdämpfer mit MuCell® zu entwickeln. Anstelle eines 2-Komponenten-Prozesses mit PUR wird nunmehr ein TPU verwendet und auf 100 t Spritzgießmaschinen mit 40 mm-Schnecke hergestellt.

Bild 9.27 Anschlagdämpfer aus geschäumtem TPU [Bildquelle: Trexel GmbH]

Die Motivation des Unternehmens für die Produktionsumstellung war auch aus Umweltgründen vorangetrieben worden. Für die Herstellung von PUR werden giftige Stoffe (Isocyanate) verwendet, die bei der Produktionserweiterung des Unternehmens zu erheblichen Umweltauflagen geführt hätten, da es in einem Wasserschutzgebiet liegt. Außerdem ist PUR nur schwer zu recyceln, was bei dem TPU-Anschlagdämpfer problemlos möglich ist. Darüber hinaus konnte die Wasseraufnahme stark verringert werden. Durch diese Entwicklung konnten außerdem die Kosten gegenüber dem chemischen 2-Komponenten-PUR-Prozess um 20 % gesenkt werden.

 TSG macht es möglich: Umweltverträglichkeit, Dämpfungseigenschaften und Kostensenkung müssen keine Widersprüche sein!

Literatur

[1] Demrovski, B., Nguyen, M. D.: *CO_2-Ausstoß und Klimabilanz von Pkw.* URL: *https://www.co2online.de/klima-schuetzen/mobilitaet/auto-co2-ausstoss/?key=0&cHash=252da03e5660ad9011e4f2874f126a18*, Zugriff am: 11. 01. 2022

[2] Coleman, B.: *Impact of MuCell® Technology on the Carbon Footprint of Automobile Parts.* Simply Sustain LLC, 2008

[3] Wiesinger, J.: Kurze Geschichte des Auto Lichts. URL: *https://www.kfztech.de/kfztechnik/elo/licht/kfz-licht-geschichte.htm*, Zugriff am: 20. 12. 2021

[4] Bürkle, E., Wobbe, H.: Kombinationstechnologien auf Basis des Spritzgießverfahrens, München: Carl Hanser Verlag, 2016

[5] Vgl. hierzu auch ein Video auf YouTube: *Ejot Switzerland – MuCell® Injection Molding.* https://www.youtube.com/watch?v=cIx1XXUX25w

10 Elektronikbauteile

Das Verarbeiten von Kunststoffen für den E & E-Bereich (Elektro- und Elektronikindustrie) wird begleitet von hohen sicherheitstechnischen Zulassungshürden für die fertigen Bauteile.

Es gibt etliche Bauteile im E & E-Bereich, die mit Flammschutz versehen werden müssen. Hier gilt es, vorhandene Normen und Standards einzuhalten. Das US-amerikanische Prüfinstitut Underwriters Laboratories Inc. (UL) hat ursprünglich die Norm UL 94 erlassen, die für die Prüfung von Kunststoffen für Elektrogeräte verwendet wurde. Mittlerweile wurden weltweit für die Einstufung der Flammwidrigkeit und Brandsicherheit von Kunststoffen inhaltsgleich die Normen IEC/DIN EN 60695-11-10 und -20 sowie der VDE 0471 übernommen.

Die Bestimmung hat damit auch Auswirkungen auf das *Schäumen* von Elektro-Bauteilen. Für das physikalische Schäumverfahren MuCell® gilt laut UL Standard zurzeit eine Begrenzung auf 5 % Gewichtsreduktion. Bis zu diesem Schäumgrad ist keine besondere Zulassung notwendig und ist gesondert in der UL 746D „Standard for Polymeric Materials – Fabricated Parts" von Underwriters Laboratories Inc. © festgehalten [1].

Es gab seit der Einführung des physikalischen Schäumens zahlreiche Tests und Messungen von geschäumten Bauteilen, die sich an diese „Vorschrift" hielten. Eine Ausweitung dieser 5 %-Regel ist bisher nicht unternommen worden. Insofern führte diese UL-Regel dazu, dass Bauteile mit elektrisch leitender Funktion nur sehr selten zum Serieneinsatz kamen. Dies lag unter anderem daran, dass die Zykluszeit durch häufig vorkommende große Wanddickenunterschiede negativ beeinflusst wurde und ein höherer Schäumgrad durch die eben genannte Regel nicht überschritten wurde. Mit anderen Worten, die Testergebnisse waren in den meisten Fällen erfolgreich, aber es wurde keine Amortisationszeit, und damit auch keine Kostenvorteile, erreicht, die für den Serieneinsatz Sinn gemacht hätten.

In den Serieneinsatzfällen im Elektrik- und Elektronikbereich findet man heute vermehrt Gehäuseteile oder Steckerleisten. Hier macht man sich die starke Reduktion oder gar Vermeidung vom Verzug eines Bauteils zunutze. Die Ebenheit von geschäumten Bauteilen bietet Vorteile bei notwendiger Dichtigkeit und bei der

Genauigkeit von zueinander gefügten Einzelteilen. Ebenso wird die Funktion von Schnapphaken durch die Genauigkeit des schaumgespritzten Bauteils erheblich verbessert.

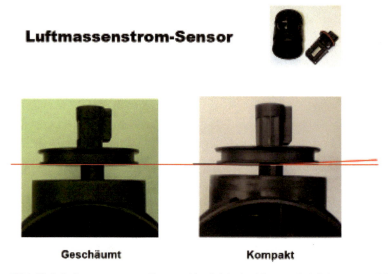

Bild 10.1 Luftmassenstrom-Sensor: Vergleich des Verzugs bei Schaum- und Kompaktspritzguss [Bildquelle: Trexel GmbH]

Die meisten Verwendungen von geschäumten Bauteilen im Elektrik- und Elektronikbereich findet man bei Gehäusebauteilen. Hierbei ist die Schließkraftreduktion der motivierende Faktor. Die mechanische Beanspruchung einer Platine oder anderer elektrischer Komponenten wird dadurch stark verringert oder gar eliminiert. In der Praxis führt das zu geringeren Ausfallquoten.

Bild 10.2 Steckergehäuse aus PBT/ASA GF 30 [Bildquelle: Trexel GmbH]

Bei diesem Steckergehäuse konnte die Schließkraft um 40 % reduziert werden. Die Zykluszeit verringerte sich um 10 % und das Gewicht verminderte sich um ca. 8 %.

Der erheblich reduzierte Werkzeuginnendruck und die Vermeidung von Einfallstellen ist bei den oft sehr filigranen Teilen ein großer Vorteil für die Fertigung.

Bild 10.3 Automobil Anschlusskasten [Bildquelle: Trexel GmbH]

 Die Schließkraft konnte in diesem Beispiel von 200 t auf 100 t verringert werden. Die Zykluszeit reduzierte sich um ca. 30 % und das Gewicht um 10 %.

Zusammenfassend kann man sagen, dass das Schäumen von Bauteilen in der Elektrik und Elektronik Industrie prinzipiell möglich ist. Der Schäumprozess hat bei zahlreichen Materialien und Schäumgraden nur wenig Einfluss auf die Brennbarkeit. Unter den gegebenen Bedingungen (siehe oben UL Standard 746D) hat allerdings eine unzureichende Amortisationszeit von elektrisch leitenden Bauteilen dazu geführt, dass TSG nicht zu einer bahnbrechenden Anwendung im Serienbetrieb wurde. Allerdings sind die Rohstoffpreise immer gewissen Schwankungen unterworfen. Falls es also hier zur Verteuerung der Rohstoffpreise – oder aber zu kostengünstigeren Technologien im Bereich des TSG – kommt, wird das Schäumen von Elektronikbauteilen sicherlich wieder mehr in den Fokus rücken. Die in den vergangenen Jahren erfolgten Tests sprechen keinesfalls gegen das TSG-Verfahren in diesem Industriesektor. Entsprechende Tendenzen könnten auch dazu führen, die bestehende 5 %-Gewichtsreduzierungsgrenze gemäß UL neu zu gestalten, bzw. auszudehnen. Dies wäre sicherlich der sinnvollste Weg. An dieser Stelle wären insbesondere die Materialhersteller gefordert, entsprechende Aktivitäten zu unternehmen.

Bei den Serienanwendungen von Gehäuseteilen mit TSG sind seit vielen Jahren Kostenvorteile bei den Anwendern zu beobachten. Ein schönes Beispiel hierfür sind Elektronikgehäuse, die in Deutschland geschäumt hergestellt werden – sie sind billiger als die kompakt gefertigten Teile in Asien. Verzugsminderung, geringere Schließkraft, Gewichtsersparnis und Zykluszeitreduzierung sind Vorteile, die genutzt werden können.

Druckerbauteile

Ein schönes Beispiel für eine innovative Konstruktion, die nur durch das Schäumen des Bauteils möglich war, ist eine Druckerpatrone. Die Herstellung von Druckerpatronen erfordert eine sehr hohe Maßgenauigkeit. Die Maßtoleranzen dürfen sich nur innerhalb von 30 µm bewegen. Der Schäumprozess bietet hierfür ideale Bedingungen. Verglichen mit dem Kompaktspritzguss verbessert das Schäumen des Bauteils zum einen die Maßgenauigkeit und zum anderen die Dimensionsstabilität.

Bild 10.4
Druckerpatrone, geschäumt
[Bildquelle: Trexel GmbH]

Die schäumgerechte Konstruktion, oder besser gesagt die topologische Bauteilauslegung, ist bei diesem Beispiel besonders augenfällig: Im Kompaktspritzguss wäre das Bauteil so nicht zu fertigen (siehe dazu Bild 10.5). Die Dichtereduktion beträgt

6 % durch den Schäumprozess, und die Wanddickenoptimierung addiert sich mit 15 % zu einer Gesamtgewichtsreduktion von 20 %. Die Zykluszeit konnte um ca. 25 % verringert werden.

Konstruktion einer Druckerpatrone

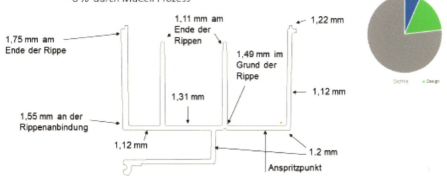

Bild 10.5 Konstruktion einer geschäumten Druckerpatrone [Bildquelle: Trexel GmbH]

Ein weiteres Beispiel aus diesem Anwendungsbereich ist der Patronenträger für Drucker. Die hohen Ansprüche an die Maßhaltigkeit wurden auch im folgenden Beispiel durch das Schäumen erreicht.

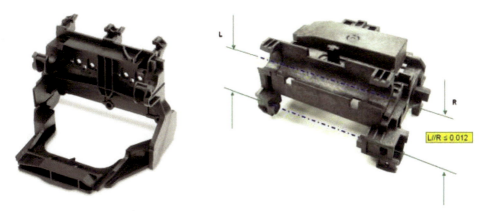

Bild 10.6 Beispiele für TSG-Bauteile aus dem Druckerbereich: links Patronenträger [Bildquelle: KraussMaffei Technologies GmbH] – rechts Druckerwagen bzw. Druckerschlitten mit einer Positioniergenauigkeit von < 0,012 mm [Bildquelle: Trexel GmbH]

Im Bereich der Druckerproduktion lassen sich viele Bauteile mit hohen Ansprüchen an enge Maßtoleranzen finden: Druckerwagen bzw. Druckerschlitten sowie die Papierführungen. Beim Druckerwagen spielt auch das Gewicht eine Rolle, da das Teil sofort starten und stoppen können muss. Im geringeren Gewicht liegt manchmal der Unterschied zwischen perfekter Druckqualität und weniger guten Ergebnissen begründet. Die Papierführung ist eine Schlüsselkomponente bei der Papierzufuhr, und ihre Leistung wird stark durch den Verzug von Ende zu Ende beeinflusst. Die Anwendung von TSG reduziert den Verzug bei der Papierführung um mehr als 50 %. Die engeren Maßtoleranzen, die durch das MuCell®-Verfahren erreicht werden, reduzieren die Anzahl der Prüfschritte, die von den Herstellern benötigt werden, um eine gleichbleibende Qualität zu gewährleisten.

 Die Gewichtsreduktion betrug 5–7 % und die Zykluszeit konnte um ca. 20 % reduziert werden. Alles in allem also eine enorme Verbesserung der Toleranzen mit zusätzlicher Kosteneinsparung.

Literatur

[1] UL 746D. Standard for Polymeric Materials – Fabricated Parts, 1998, 6th edition, UL Inc., Section 5, Exception No. 2 of § 5.1

11 Anwendungsbeispiele aus dem Bereich Haushalt

Bei der Besprechung der Anwendungsbeispiele aus dem Bereich Haushalt wollen wir zunächst beispielhaft eine wirtschaftliche Betrachtung des physikalischen Schaumspritzgießens voranstellen. Diese Vorgehensweise bot sich an, da einer unserer Mitautoren diesen Themenkomplex am Beispiel einer Bodengruppe einer Großgeräteserie im Bereich Weiße Ware erarbeitet hat. Seine Ausführungen finden sich größtenteils auch in der VDI-Richtlinie „Thermoplastisches Schaumspritzgießen" wieder [1].

■ 11.1 Wirtschaftliche Betrachtung geschäumter Thermoplastbauteile

Bei der klassischen wirtschaftlichen Betrachtung von TSG-Bauteilen werden oft die kompakten Referenzteile mit den geometrisch gleichen, gewichtsreduzierten geschäumten Bauteilen verglichen, und die zu erwartende Materialeinsparung einer Kostenreduzierung gleichgestellt. Zusatzkosten für spezielle Maschinenausrüstung sowie Treibmittelkosten werden dann von den Einsparungen für die Materialkosten abgezogen, bzw. auf die Herstellkosten der geschäumten Teile aufgeschlagen. Dies stellt zwar die einfachste Möglichkeit für eine schnelle Gegenüberstellung eines konventionell ausgelegten Spritzgussteils – sowohl in kompakter als auch geschäumter Bauweise – dar, greift aber wegen fehlender topologischer Optimierung nicht das komplette Potenzial speziell für das Schäumen konstruierter Artikel und deren Fertigungsprozesse auf.

Werden die speziellen Gestaltungs- und Produktentwicklungsrichtlinien befolgt, so sind weitere prozess- und hardwareseitige Einflussfaktoren erkennbar, die eine signifikante Auswirkung auf die Herstellkosten von geschäumten Bauteilen haben. Nicht selten können kürzere Zykluszeiten als bei konventionell gefertigten Spritzgussteilen realisiert werden, und möglicherweise kommen begünstigende Faktoren bei der Hardware-Auslegung ins Spiel, was eine Reduzierung der Maschinen- und/oder der Werkzeugkosten zur Folge haben kann.

Ein von Anfang an für das Schäumen ausgelegtes TSG-Bauteil wird sich in den meisten Fällen – zumindest lokal – vom kompakten Bauteil unterscheiden, z. B. in den gewählten Wanddicken oder in der Auslegung möglicher direkt angeformter Verbindungs- bzw. Versteifungsgeometrien. So kann ein für Funktion und Anforderung geometrieoptimiertes geschäumtes Bauteil im Vergleich zu einem kompakten eine wesentlich höhere Gewichtseinsparung aufweisen, als nur über die Dichtereduzierung.

> Die reelle Gewichtseinsparung eines geschäumten Bauteils im Vergleich zu einem kompakten Bauteil sollte immer als eine Kombination aus geänderter Konstruktion und reduzierter Dichte betrachtet werden.

Dies wird besonders deutlich, wenn mithilfe des Hochdruckschäumens größere Wanddicken notwendig sind als bei einem vergleichbaren kompakten Spritzgussteil, um z. B. eine höhere mechanische Steifigkeit zu realisieren. Die in diesem Prozess erzielten hohen Dichtereduzierungswerte sind dann ebenfalls nicht gleichzusetzen mit der tatsächlichen Gewichtsreduzierung, im Vergleich zu dem für den konventionellen Spritzgießprozess ausgelegten Referenzteil, da in diesem Fall die geänderte Konstruktion zu einer Volumenerhöhung beiträgt.

Noch wichtiger wird eine klare Zuordnung der Herstellkostenberechnung bei einer prozessoptimierten Konstruktion mit einem Prozess- und/oder Materialmix. Bei der prozessseitigen Kombination des TSG mit Verbundwerkstoffen, oder auch bei anforderungsoptimierten Multi-Material-Anwendungen, sind Lösungen möglich, die mit konventionellen Fertigungsmethoden zum Teil gar nicht mehr herstellbar wären.

Alternativ zu einer Kosteneinsparung durch die Reduzierung des Bauteilvolumens bzw. der Masse gibt es besonders bei der Dünnwandtechnik die Möglichkeit, die niedrigere Viskosität des Materials aufgrund des Schäumprozesses zu nutzen. Sollte eine weitere Reduzierung der Wanddicke für den betrachteten Artikel z. B. aus mechanischen Gründen nicht angebracht sein, so besteht oft die Möglichkeit, ein kostengünstigeres, höher viskoses Material in Betracht zu ziehen. So konnte z. B. für Anwendungen bei stabilen Dünnwandverpackungen mit einem verbesserten Fließverhalten durch den TSG-Prozess anstelle eines hochpreisigen PP mit MFI 100 auf ein etwas günstigeres PP mit MFI 70 zurückgegriffen werden.

Im betrieblichen Rechnungswesen sind die Herstellkosten für ein Produkt die Summe aus Material- und Fertigungskosten. Für eine Gesamtbetrachtung einer möglichen Kosteneinsparung durch das TSG sind neben der Reduzierung des eingesetzten Materials daher auch die Auswirkungen auf den Fertigungsprozess mit zu berücksichtigen.

Tabelle 11.1 Einfluss auf die Herstellkosten: TSG im Vergleich zum konventionellen Spritzgießprozess

Materialkosten	Fertigungskosten	Sondereinzelkosten und Qualitätskosten
Die Reduzierung der Materialdichte durch das Aufschäumen des Bauteils und die Bildung einer Zellstruktur verringert die einzusetzende Materialmenge pro Artikel.	Der Entfall der Nachdruckphase beim TSG und die reduzierte Masse bewirken in der Regel eine Verkürzung der für die Fertigung erforderlichen Zykluszeit. Wichtig ist eine Beachtung der Konstruktionsrichtlinien für das geschäumte Bauteil (man vergleiche Kapitel 4). Ebenfalls sind Kühlzeitänderungen (hierbei handelt es sich meistens um Verkürzungen) zu berücksichtigen.	Die Kosten für TSG-Werkzeuge können sich je nach Zielsetzung und Prozessauslegung von denen vergleichbarer konventioneller Spritzgießprozesse unterscheiden. Bei der Zielsetzung von Einsparungen bei den Werkzeugkosten sollte immer auch ein möglicher Negativeffekt bei den Materialkosten (Werkzeuggewicht) oder bei den Fertigungskosten des Kunststoffbauteils (Zykluszeit) berücksichtigt werden.
Bei einer prozessoptimierten Auslegung (sowohl bei kompakten als auch bei geschäumten Bauteilen) sollten unterschiedliche Bauteilvolumen in der Kalkulation berücksichtigt werden. Insbesondere beim Niederdruckschäumen sind diese in der Regel durch die geänderten prozessseitigen Anforderungen für die Bauteilauslegung (z. B. andere Wanddicken über den Füllweg, angeglichenes Wanddicken-Rippen-Verhältnis etc.) geringer als beim Kompaktspritzguss.	Beim Niederdruckschäumen sind geringere Schließkraftanforderungen zu erwarten als bei vergleichbaren konventionellen Spritzgießprozessen. Idealerweise lassen sich kleinere Maschinen verwenden, was einen signifikanten Einfluss auf den Maschinenstundensatz (Investition, Stellfläche, Energieverbrauch) haben kann.	Geschäumte Spritzgussteile weisen oftmals weniger innere Spannungen und eine höhere Dimensionsstabilität auf als konventionell gefertigte Spritzgussteile. Je nach Komplexität der Bauteile, können hier möglicherweise Kosten reduziert werden. Beispiele hierfür wären der Entfall von Abkühllehren, die Reduzierung der Nacharbeit, vereinfachte Montageprozesse etc. Auch ein möglicher Einsatz von Al-Werkzeugen sollte geprüft werden.

Tabelle 11.1 Einfluss auf die Herstellkosten: TSG im Vergleich zum konventionellen Spritzgießprozess *(Fortsetzung)*

Materialkosten	Fertigungskosten	Sondereinzelkosten und Qualitätskosten
Betrachtet man das Hochdruckschäumen, so können, je nach Zielsetzung, Wanddicken größer sein als beim entsprechenden kompakten Referenzteil – dann aber mit erheblich höherer Dichtereduzierung. Auch in diesem Fall sind die Änderungen im Bauteilvolumen in der Kalkulation zu berücksichtigen.	Zusatzkosten ergeben sich hingegen für schäumspezifische Zusatzausrüstungen. Diese fließen ebenfalls in die Herstellkostenberechnung ein. Durch spezielles Dosierequipment sind beim physikalischen Schäumprozess höhere maschinenseitige Zusatzkosten zu erwarten als beim Schäumen mit chemischen Treibmitteln. Nichtsdestotrotz sollten auch schäumspezifische Minimalanforderungen, wie z. B. eine Schneckenpositionsregelung, bei der Maschinenauslegung berücksichtigt werden.	Bei Anwendungen mit direkten Sichtanforderungen sind in der Bauteilkalkulation möglicherweise Mehrkosten für Lösungen oder Technologien zu berücksichtigen, die typische Oberflächendefekte durch den Schäumprozess eliminieren.
Beim Schäumen mit chemischen Treibmitteln sind diese über den Gewichtsanteil und Rohstoffpreis in der Kalkulation mit zu erfassen. Beim physikalischen Schäumen kommen N_2 oder CO_2 als Treibmittel zur Anwendung. Gaskosten und Gewichtsanteil sind hier zwar erheblich geringer als beim chemischen Schäumen, aber der Richtigkeit halber sollten diese Werte ebenfalls in der Kalkulation auftauchen, zumal es Verfahren mit hohen Gasverlusten gibt.		

Bei der prozentualen Änderung für die einzelnen Posten entspricht der zugrunde gelegte Basiswert je Posten 100 %. Die jeweiligen Kostenänderungen fließen entsprechend ihrer Gewichtung in das Gesamtergebnis, d. h. die Herstellkosten, ein. Sie sind nicht als Absolutwerte zu addieren.

11.2 Bodengruppe Weiße Ware

In der Bodengruppe einer Großgeräteserie im Bereich Weiße Ware wurden durch eine Umkonstruktion der entsprechenden Thermoplastbauteile für den Schaumspritzguss sowohl designtechnische als auch prozessseitige Materialeinsparungen realisiert. Im Vergleich zur konventionellen Auslegung der Vorgängerbaugruppe ließen sich für den gesamten Herstellungsprozess Kosten reduzieren. Als Berechnungsreferenz kann beispielhaft der thermoplastische Grundkörper herangezogen werden.

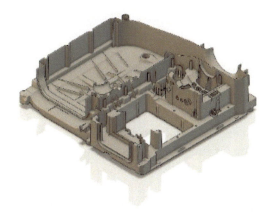

Bild 11.1
Grundkörper für Bodengruppe Weiße Ware
[Bildquelle: Miele & Cie. KG]

Nachfolgend werden zwei Berechnungsszenarien für die erzielten Kostenänderungen dargestellt. „Szenario 1" beschreibt die maximal erreichten Änderungen zum konventionell ausgelegten Vorgängermodell. Mit „Szenario 2" wird der Argumentation Rechnung getragen, dass nach heutigem Stand der Technik auch für den konventionellen Spritzgießprozess entsprechende konstruktive Optimierungen ebenfalls zu einer Reduzierung bei Gewicht und Zykluszeit geführt hätten. Bedingt konnten hierfür Versuche am für den Thermoplastschaumguss ausgelegten Werkzeug gefahren werden.

	Szenario 1 (gegenüber Vorgängermodell)	Szenario 2 (gegenüber virtuell optimiertem Kompaktdesign)	
Materialkosten	− 22,3 %	− 10,6 %	
Änderung konstruktiv (CAD Volumen)	− 16,0 %	− 3,3 %	
Änderung Prozess (Dichtereduzierung)	− 8,0 %	− 8,0 %	
Zusatzkosten Stickstoff (Treibmittel)	+ 0,5 %	+0,5 %	
Fertigungskosten	+ 9,0 %	+ 29,5 %	
Änderung Zykluszeit	− 21,1 %	− 6,3 %	1)
Änderung Maschinengröße (Basis-Stundensatz)	0,0 %	0,0 %	2)
Kalkulatorischer Stundensatzaufschlag für Zusatzausrüstung	+ 38,1 %	+ 38,1 %	3)
Herstellkosten	− 16,8 %	− 3,7 %	

Bild 11.2 Berechnungsszenarien für Kostenänderungen [Bildquelle: Trexel GmbH]

Anmerkungen zu Bild 11.2:

1. Bei „Szenario 1" handelt es sich um eine Gegenüberstellung der Zykluszeit für das neue Design in geschäumter Ausführung mit der Zykluszeit für das konventionell gefertigte Vorgängermodell. Allerdings hätte eine entsprechend geänderte Konstruktion für die Bauteile in Kompakt auch ohne thermoplastisches Schaumspritzgießen eine Reduzierung der Zykluszeit zur Folge. Diesem wird in „Szenario 2" Rechnung getragen. Ein neutraler Vergleich der verschiedenen zugrunde zu legenden Zykluszeiten für das Referenzbeispiel ist jedoch nicht einfach zu treffen, da die konventionell gefertigten Grundkörper mit dem neuen Design einen um 100 % höheren Verzug zeigten und eventuelle Negativeffekte auf Zusammenbau und Funktion in der gewählten Darstellung nicht kostenmäßig berücksichtigt sind. Zusätzlich unterliegt die Zykluszeit der geschäumten Bauteile einer zeitlichen Beschränkung aufgrund der Hardwareauslegung und nachfolgender Montageprozesse.

2. Die geschäumten Bauteile können mit einer ca. 30 % geringeren Schließkraft gefertigt werden als die der für die Berechnung zugrunde gelegten Maschinengröße. Durch die gegebene Werkzeuggröße und interne Kapazitätsplanungen wurde jedoch auf die gleiche Maschinengröße zurückgegriffen, wie man sie für eine Fertigung des Bauteils in kompakter Bauweise definiert hätte. Für das Referenzbauteil fließt dieses Einsparpotential somit nicht in die Kostenrechnung mit ein, und es wird jeweils sowohl für den Kompaktspritzguss als auch für die geschäumten Bauteile mit einer Maschinengröße mit 10 000 kN Schließkraft gerechnet.

3. Für das Referenzbeispiel hat man sich für die Fertigung mit dem physikalischen Thermoplastischen Schaumspritzgießen MuCell® entschieden. Zur Berücksichtigung der Zusatzkosten für die maschinenseitige Ausrüstung wird in dieser Berechnung mit einer Erhöhung des Maschinenstundensatzes um 38 % gerechnet. Dieser Wert kann je nach Kalkulationsgrundlage für die Basismaschine und entsprechend unterschiedlichen Amortisationsvorgaben in den einzelnen Betrieben stark variieren. Auch wurde für diese Anwendung eine Umrüstung einer bestehenden Maschine zugrunde gelegt, was ebenfalls eine signifikante Auswirkung auf das Verhältnis der Zusatzinvestition zur Basisinvestition hat.

■ 11.3 Grundplatte für Elektrowerkzeuge

Die Liste der Vorteile bei der Substitution von Metall durch Kunststoff ist lang. Die Gewichtsreduktion war zu Beginn der Kunststoffära sicherlich einer der wichtigsten Pluspunkte, da per se die Masse von Thermoplasten wesentlich geringer ist als von Metall. Das Schäumen von Kunststoffen hat in der jüngsten Vergangenheit neue Vorteile und Möglichkeiten eröffnet, da eine ganze Reihe von Vorteilen gegenüber dem Kompaktspritzguss hinzukommt. Ein neues Kapitel für die Herstellung von Kunststoffbauteilen hatte damit begonnen. Bei unserem gewählten Anwendungsbeispiel geht es um den Ersatz von Aluminium durch Kunststoff. Die Grundplatte der unten abgebildeten Elektrowerkzeuge war ursprünglich aus Aluminium.

Bild 11.3 Grundplatte für Elektrowerkzeuge [Bildquelle: Trexel GmbH]

Die fast vollständige Eliminierung von inneren Spannungen in einem Kunststoffbauteil wird durch das Schäumen erreicht. Allein dieses Phänomen eröffnet eine neue Dimension bei der Herstellung und dem Gebrauch von Kunststoff ganz allgemein. Der Verzug im Bauteil wird auf nahezu „null" gebracht. Dieses physikalische

Phänomen war in unserem Anwendungsbeispiel die treibende Kraft, Aluminium durch Kunststoff zu ersetzen. Es wurde ein PA 6.6 GF 30 verwendet und auf einer 160 t-Maschine mit 35 mm-Schnecke physikalisch geschäumt. Der Verzug der Grundplatte verbesserte sich gegenüber einer kompakten Platte um sage und schreibe 70 %! Daneben erfüllten alle anderen Dimensionen die geforderten Vorgaben. Hinzu kamen eine Verbesserung der Zykluszeit um 18 % und eine Gewichtserleichterung um 8 %.

■ 11.4 Bewässerungsventil

Die Motivation für den Einsatz von TSG kam bei diesem Bauteil durch die Erfahrung, dass es beim Kompaktspritzguss aufgrund der komplexen Artikelgeometrie immer wieder zum Verzug des Bauteils kam. Dies führte zu teilweise erheblichen Montage- und Dichtigkeitsproblemen. Mikrozellulare Schäumverfahren sollten hierbei Abhilfe schaffen, da verzugsarme und dimensionsstabile Bauteile in Aussicht gestellt wurden. Schon nach wenigen Versuchen konnte der Verzug vollständig eliminiert und somit die Prozessstabilität gesichert werden.

Bild 11.4 Gehäuse Bewässerungsventil [Bildquelle: KraussMaffei Technologies GmbH]

Obwohl das Werkzeug noch nach den Regeln des Kompaktspritzgusses erstellt wurde, konnten bei den Bauteilen Gewichtsreduzierungen von 15 % und Reduzierungen in der Zykluszeit von 20 % realisiert werden. Nicht unerheblich war auch die Verringerung der Verarbeitungsdrücke und hieraus resultierend die Verringerung der Schließkräfte. Bei der Adaption der MuCell®-Technologie im eigenen Werk konnte der Anwender in der Auslegung der Spritzgießmaschine diesen Faktor einfließen lassen, und fertigt nun auf einer 65 t-Maschine. Für die Fertigung in kompakter Bauweise hätte man dagegen eine 150 t-Maschine benötigt.

■ 11.5 Laufschuhsohle

Die mit der physikalischen Schäumtechnologie hergestellten Sohlen der New-Balance-Laufschuhe bieten bei flacher Bauweise hohe Flexibilität im Vorderfuß, und insbesondere Komfort im Fersenbereich.

Bild 11.5 Laufschuhsohle [Bildquelle: Trexel GmbH]

Die führenden Unternehmen der Automobilindustrie machen sich schon seit längerer Zeit die stoßdämpfenden Leichtbaueigenschaften von physikalisch geschäumten Bauteilen zunutze. Da lag es auf der Hand, dass auch die Schuhindustrie nachdachte, wie man diese Eigenschaften auf ihre Produkte übertragen kann.

Leichte Bauteile mit verbesserten Eigenschaften können durch mikrozellular geschäumtes TPU verwirklicht werden. Durch den Schäumprozess wurden eine um 40 % verbesserte Rückstellkraft sowie eine hohe Druckverformungsfestigkeit bei einer geringen Dichte der Dämpfungselemente von unter 0,3 g/cm^3 erreicht.

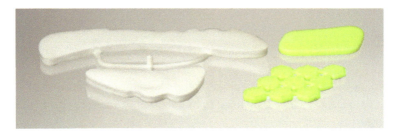

Bild 11.6 Schuhsohlenelemente für die dämpfende Wirkung [Bildquelle: Trexel GmbH]

Dabei erlaubt eine sehr feine geschlossene Zellstruktur mit dünner kompakter Außenhaut den Einsatz in vielfältigen Anwendungsbereichen von Sportschuhen. Ein Beispiel ist die N2-Technologie von New Balance, die in hochwertigen Sportschuhen bei geringem Gewicht für eine komfortable Fersendämpfung sowie eine bequeme Flexibilität in Vorderfuß sorgt. Es kommen dabei Hochleistungspolymere mit geringer Dichte zum Einsatz.

 Die stoßdämpfenden Leichtbaueigenschaften durch die zellulare Struktur von TSG-Bauteilen werden nicht nur bei Sportschuhen, sondern auch in der Automobilindustrie in Serie umgesetzt. Dort sind es sogenannte Anschlagdämpfer im Bereich der Stoßdämpfer.

Literatur

[1] VDI-Fachbereich Kunststofftechnik: VDI 2021 – Projekt. Thermoplast-Schaumspritzgießen (TSG), VDI-Gesellschaft Materials Engineering (Hrsg.), voraussichtliches Erscheinungsdatum 2022/2023

12 Anwendungsbeispiele aus dem Bereich Verpackung

Der Ruf von Kunststoffverpackungen ist schlechter als die Realität. Dies liegt vor allem darin begründet, dass mit diesem Thema viele Mythen und Klischees behaftet sind: Die Papiertüte sei nachhaltig, Verpackungen seien per se umweltschädlich und generell unökologisch, biobasierte Kunststoffe seien die Lösung für alles und grundsätzlich die „besseren" Kunststoffe, etc. etc. Und über allem schwebt der Begriff der Nachhaltigkeit bzw. die Forderung nach nachhaltiger Verpackung.

Dem kann nur durch eine umfassende Analyse – die Daten aus Ökobilanzen genauso berücksichtigen muss wie technische Machbarkeit, Entsorgungswege, die Funktionalität der Verpackung und natürlich auch die Wirtschaftlichkeit – begegnet werden, kurzum: Man braucht Fakten statt Bauchgefühl. Bedenkt man, dass in Deutschland ein Anteil von 30,5 % der jährlich verarbeiteten Menge an Kunststoffen allein für die Verpackung verwendet wird [1], lohnt sich ein kurzer Faktencheck:

- Kunststoffverpackungen schützen Lebensmittel vor Verderben, womit unnötig Müll vermieden wird, und sie bewahren Lebensmittel für die Ernährung der Weltbevölkerung.
- Eine gute Verpackung schützt das Produkt optimal und verbessert damit indirekt den ökologischen Fußabdruck des Produkts.
- Kunststoffverpackungen haben eine hohe Reißfestigkeit bei geringem Materialbedarf. Sie sind gut formbar und haben hervorragende technische und optische Eigenschaften. Dazu sind sie bei all ihrer Vielseitigkeit auch noch preislich attraktiv.
- Verpackung und Transport haben mit 1–5 % nur einen geringen Anteil am ökologischen Fußabdruck eines Produkts.
- Die Kunststoffverwertungsquote (werkstofflich, rohstofflich und energetisch) liegt in Deutschland bei nahezu 99 % [1].
- Verpackungen aus Kunststoff benötigen meist deutlich weniger Material als Verpackungen aus Glas, Karton oder Papier: Würden Verpackungen aus Kunststoff durch solche aus anderen Materialien ersetzt, müssten 3,6-mal so viel

Rohstoffe verwendet werden, wäre der Energieverbrauch in Europa 2,2-mal höher und es würden 2,7-mal so viel Treibhausgase ausgestoßen.

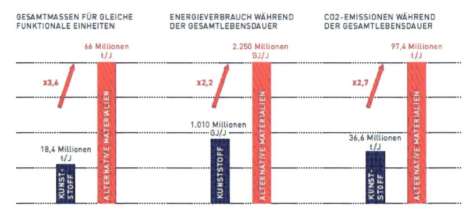

Bild 12.1 Auswirkungen des Ersatzes ausgewählter Kunststoffverpackungen auf Gewicht, Energieverbrauch und Treibhausemissionen in Europa [Bildquelle: GKV]

- Biokunststoffe (deren Begriff im Übrigen bis heute nicht geschützt ist) haben zwar häufig einen besseren CO_2-Fußabdruck als konventionelle Kunststoffe, bieten Schutz endlicher Ressourcen und sind teilweise kompostierbar – die Gesamtumweltbelastung liegt aber häufig höher als bei den konventionellen Kunststoffen. Die Kompostierbarkeit ist oft mangelhaft und unökologischer als Verbrennung. Zudem mangelt es derzeit an geeigneten Recyclingsystemen und man sollte auch nicht vergessen, dass Biokunststoffe oft aus Lebensmitteln (vor allem Mais und Zuckerrohr) hergestellt werden, was die Nahrungsmittelkonkurrenz verschärft.

Fazit: Kunststoffverpackungen bieten also eine Menge Vorteile gegenüber anderen Materialien. Dennoch gilt es natürlich, gerade im Zeitalter des Klimawandels und des gesteigerten Umweltbewusstseins, ständig nach sinnvollen Verpackungsoptimierungen zu suchen. Wohl wissend, dass es angesichts der Vielzahl der zu berücksichtigenden Faktoren nicht die eine, perfekte, für alle Bereiche passende nachhaltige Verpackungslösung geben wird. Welche Rolle der Schaumspritzguss dabei spielen kann, sollen exemplarisch die drei folgenden Anwendungen aus dem Lebensmittel- und Transportbereich zeigen.

12.1 Margarinebecher

Im Folgenden werden die Aufgabenstellung, Umsetzung und die Ergebnisse bei der Herstellung eines Margarinebechers näher beschrieben.

Die Firma Paccor Packaging GmbH hatte für dieses Projekt die MuCell®-Technologie eingesetzt und durch den Namen SLIM® (Super Light Injection Molding) schützen lassen. Die Aufgabenstellung war folgende:

- Gewichtsreduktion um 15 %
- Verwendung der bestehenden 350 t-Maschinen
- 4+4 Etagenwerkzeug mit Etikettierung
- Steigerung der Produktion von 150 Mio. auf 200 Mio. Becher/Jahr

Zur Erreichung der notwendigen Prozessvorteile gelang es mithilfe des Schäumens, die Viskosität zu senken, und damit den Einspritzdruck um 15 % zu reduzieren. Die Expansion des physikalischen Treibmittels sorgte am Füllwegende für den notwendigen Druck, um die Kavitäten zu füllen („Füllen von dünn auf dick"). Die Gewichtsreduzierung durch Dichtereduzierung (Schäumen) lag im Bereich von 4 bis 6 %. Diese Größenordnung kann generell bei dünnwandigen Verpackungen zugrunde gelegt werden. Der Schlüssel zur Gewichtsreduzierung liegt beim Verpackungsdesign, und zwar durch das Realisieren von dünnen Wanddicken.

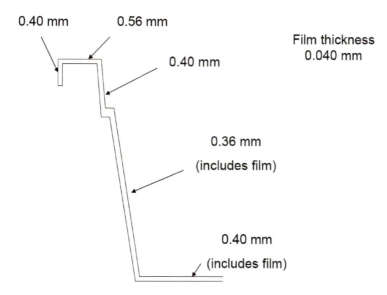

Bild 12.2 Konstruktion der Wanddicken [Bildquelle: Trexel GmbH]

In unserem Beispiel war es dem Anwender gelungen, auch das zweite Ziel zu erreichen, nämlich die vorhandenen 350 t-Maschinen und gleichzeitig das 4+4 Etagenwerkzeug zu verwenden. Durch die Verringerung der Viskosität der Schmelze konnte die Schließkraft derart gesenkt werden, dass man in den Bereich der 350-Tonnen-Pressen kam. Damit wurde der Investitionsaufwand signifikant gesenkt, da man keine neuen 550 t-Maschinen anschaffen musste.

Ohne MuCell® wog der Margarinebecher 15,21 g und die Teile wiesen eine Standardabweichung von 0,33 g auf. Mit MuCell® konnte das Teilegewicht um 6,5 % auf 14,23 g gesenkt werden, und die Standardabweichung schrumpfte auf 0,17 g.

 Eine Besonderheit bei diesem Anwendungsbeispiel soll nicht unerwähnt bleiben: Es konnte ein 3D-Effekt bei dem Schriftzug des Markennamens des Produktes durch eine selektive Barrierebeschriftung des Etiketts erzielt werden.

Bild 12.3 3D Effekt [Bildquelle: Trexel GmbH]

Wie war das möglich? Der Schriftzug des Markennamens hatte keine Haftung und war gasundurchlässig. Damit wurde erreicht, dass der Überschuss des eingebrachten Gases in diesen Bereich migrierte, und somit einen 3D-Effekt hervorbrachte – es beulte sich aus. Wo hingegen keine Barrierebeschichtung bestand, wanderte der

Restdruck des Stickstoffs durch beide Strukturen – wie bei allen anderen IML-Anwendungen (In-Mould-Labeling-Anwendungen).

3D-Effekt auf dem Etikett

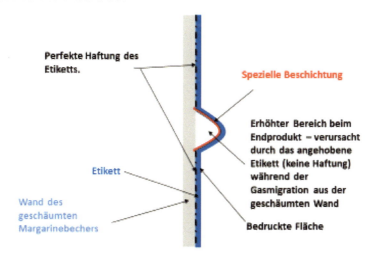

Bild 12.4 Entstehung des 3D Effekts [Bildquelle: Trexel GmbH]

■ 12.2 Joghurtbecher 200 ml und 900 g-Becher

Anhand von zwei weiteren typischen Verpackungen sollen die Besonderheiten, bzw. die Vorteile, die durch das Spritzgieß-Schäum-Verfahren erreicht wurden, aufgezeigt werden.

Bild 12.5 zeigt einen etikettierten 200 ml-Joghurtbecher aus PP, der mit dem MuCell®-Verfahren geschäumt wurde. Dadurch wurde eine Gewichtsreduktion von 3 % erreicht und der Einspritzdruck konnte um 8 %, die Schließkraft sogar um 15 % verringert werden. Dadurch ergab sich auch ein geringerer Werkzeugverschleiß. Die Anwendung des Schäumverfahrens ermögliche es, von „dünn auf dick" zu füllen, was die Designfreiheit erweiterte.

Bild 12.5 Joghurtbecher 200 ml [Bildquelle: Trexel GmbH]

Bild 12.6 zeigt 900 g-Becher, die durch das Schäumen 6 % weniger wiegen. Der gleichmäßige Druck in der Kavität verringert die inneren Spannungen im Bauteil, und fördert so die Maßhaltigkeit des Bauteils. Der Einspritzdruck konnte um 12 % reduziert und die Schließkraft um 30 % gesenkt werden. Die Zykluszeit verringerte sich um 7 %.

Bild 12.6 900 g-Becher [Bildquelle: Trexel GmbH]

12.3 Empfehlungen beim Einsatz von Schäumverfahren bei Dünnwand-Verpackungen

Geometrie des Bauteils: Verpackungsanwendungen können mit Zykluszeiten im Bereich von bis zu 1,5 Sekunden laufen. Bei größeren Behältern kann die Zykluszeit auch 10 bis 12 Sekunden betragen. Wird Polypropylen bei diesen Zykluszeiten verarbeitet, ist das Teil sehr anfällig für nachträgliches Aufblähen (post blow). Als allgemeine Regel gilt, dass der dickste Querschnitt des Teils nicht mehr als 1,0 mm, und vorzugsweise weniger als 0,75 mm, betragen sollte. Größere Querschnitte führen oftmals zu längeren Abkühlzeiten, was wiederum längere Zykluszeiten zur Folge hat.

Bei Behältern und Eimern ist es oft so, dass sich die Wanddicke im Bereich des Anschnitts, den Ecken und am Rand erhöht. Deckel haben fast immer eine Haltelippe, die den oberen Teil des Behälters umschließt. Diese Haltelippe ist normalerweise der dickste Bereich des Teils.

Materialauswahl: Im Allgemeinen ist Polypropylen das Material der Wahl für die Anwendung des MuCell®-Verfahrens in einer Verpackungsanwendung. In der Regel handelt es sich um Polypropylen-Copolymere mit einer Melt Flow Rate (MFR) von mindestens 20 g/10 min und bis zu 100 g/10 min. HDPE ist keine gute Materialwahl, da die Zellstruktur in diesem Material typischerweise sehr schlecht ist und am Ende der Füllung große Zellen mit einem Durchmesser von über 2 mm entstehen. HDPE wird am häufigsten bei Behältern verwendet, die bei Temperaturen unter 20 °C schlagfest sein müssen. LDPE und LLDPE werden häufig für Deckelanwendungen verwendet und schäumen sehr gut. Bei diesen Materialien handelt es sich jedoch um kälteschlagzähere Materialien, die in der Regel längere Kühlzeiten beim Schäumen erfordern, um Nachblähen (post blow) zu vermeiden.

Farbe: Pigmentierung und Farbe stehen in engem Zusammenhang mit den Materialien. Die Zellstruktur in einer dünnwandigen Anwendung variiert in der Regel beträchtlich vom Anschnitt bis zum Ende der Füllung und auch um das Teil herum. Schweißnähte sind oft transparent, und die größeren Zellen am Ende der Füllung, die bei einem PP-Material einen Durchmesser von bis zu 1 mm haben können, bieten nicht den gleichen Grad an Lichtundurchlässigkeit, wie die kleineren Zellen im Boden des Behälters. Daher sollte der Behälter immer pigmentiert sein. In der Regel ist es nicht möglich, die Pigmentierung zu verringern, wenn man von einem festen zu einem geschäumten Behälter übergeht.

Weiß ist die dabei bevorzugte Farbe, da sie die Oberflächenmängel abdeckt. Farben in Verpackungsanwendungen neigen dazu, hochglänzend und hell zu sein. Selbst kleine Unregelmäßigkeiten oder Farbverschiebungen sind nicht zulässig. Daher sollte jede andere Farbe außer Weiß vermieden werden, was leider eine erhebliche Einschränkung für den Designbereich darstellt.

Bauteilfüllung: Bei dünnwandigen Behältern wird in der Regel keine Gewichtsreduzierung von mehr als 8 % erreicht, und bei sehr dünnen Behältern mit einer Wandstärke von weniger als 0,5 mm sind es weniger als 5 %. Jedes Ungleichgewicht bei der Bauteilfüllung reduziert diesen Wert weiter. Die häufigsten Gründe für ein ungleichmäßiges Füllen sind quadratische oder rechteckige Behälter und asymmetrische Lippengeometrien. Bei unrunden Behältern sollte der Behälter mit Fließhilfen versehen werden, um das Füllen auf den längeren Fließwegen zu optimieren. Bei asymmetrischen Lippengeometrien kann nur sehr wenig getan werden, um das Füllen zu verbessern. Derartige Geometrien sind in der Regel bei industriellen Anwendungen anzutreffen, bei denen ein Abrissband um den oberen Teil des Behälters verläuft.

Bodengeometrie: Es gibt spezielle Bodengeometrien, die bei größeren Behältern zur Verbesserung beim Falltest eingesetzt werden. Dabei handelt es sich um eine um den Boden des Behälters verlaufende Lippe, die so gestaltet ist, dass sie bei einem Aufprall Energie absorbiert, und so die auf den Boden des Behälters einwirkende Energie minimiert. Beim MuCell®-Verfahren führt dieses besondere Merkmal zu einer erheblichen Verringerung der Aufprallleistung, in der Regel um mindestens 30 %. Dies sollte unbedingt vermieden, oder durch konstruktive Verstärkungen kompensiert werden.

Fazit:

Die besten Bedingungen für das Schäumen von Dünnwandverpackungen sind aus unserer bisherigen Erfahrung folgende:

- PP-Copolymer mit einem MFR von mindestens 20 g/10 min
- Wanddicke von weniger als 1 mm
- balancierte Formteilfüllung
- weißes Material oder vorzugsweise folienhinterspritzt
- Zykluszeit nicht unter 4,5 s

Der Hauptvorteil beim Schäumen von Dünnwandverpackungen besteht darin, mehr Kavitäten pro Schließkraft-Tonne, bzw. geringere Wanddicken pro Schließkraft-Tonne realisieren zu können. Die Produktionseffektivität kann also hauptsächlich durch die Erhöhung der Anzahl der Kavitäten bei einer existierenden Maschinengröße erreicht werden, und nicht – bzw. nur in seltenen Fällen – durch die Verkürzung der Zykluszeit.

■ 12.4 Paletten

Bei diesem Anwendungsbeispiel handelt es sich um eine Mehrwegpalette der Firma Loadhog Ltd. in Großbritannien mit einem aus zwei Teilen bestehenden Kunststoffdeckel. Die Maße sind 1200 mm x 1000 mm. Der innovative, wiederverwendbare Palettendeckel aus Polypropylen (PP) dient zum Sichern und Stapeln von palettierter Ware für Transport und Distribution. Die Deckel wurden in 2 verschiedenen Versionen auf einer 1.700 t- und einer 900 t-Spritzgießmaschine jeweils mit einem MuCell®-Aggregat hergestellt. Einer der Hauptvorteile der MuCell®-Teile ist ihre extrem hohe Formstabilität ohne Verzug, Einfallstellen oder Festigkeitsverluste, und das sogar, obwohl die Teile für den 1,2 m² großen Deckel nur 2,5 mm dick sind! Kennzeichnend für diese spezielle Variante des Spritzgießverfahrens ist die extrem gleichmäßige mikrozellulare Schaumstruktur im gesamten Formteil.

Bild 12.7 Mehrweg-Palettendeckelsystem [Bildquelle: Trexel GmbH]

Weitere Vorteile gegenüber konventionell spritzgegossenen Teilen sind das geringere Teilegewicht, der deutlich reduzierte Schließkraftbedarf, eine höhere Verarbeitungsfreundlichkeit und kürzere Zykluszeiten, die dem Anwender erhebliche wirtschaftliche Vorteile verschaffen. Wirtschaftlich sinnvolle Wiederverwendung, gepaart mit enormer Zeitersparnis und dem kompletten Verzicht auf aufwendige Verpackungen (Schrumpffolie und Umreifung) – diese Anforderungen waren für den Anwender die Richtschnur für die Entwicklung dieses neuen Systems zur Sicherung und Stapelung von palettierten Gütern: Ob Flaschen, Kanister, Fässer oder ähnliche Gebinde, sie alle lassen sich mit dem neuen, äußerst stabilen Deckel und den integrierten, versenkbaren Bändern im Handumdrehen auf einer Palette sichern.

Bevor sich der Anwender für die Verwendung der MuCell®-Technologie bei der Herstellung seines Loadhog-Deckels entschied, wurden mehrere andere Optionen geprüft. In einer Reihe systematisch durchgeführter Vergleichstests konkurrierten Teile, die im herkömmlichen Spritzgussverfahren, im Spritzprägeverfahren und im Strukturschaumverfahren mit chemischen Treibmitteln hergestellt wurden.

Bild 12.8 Mehrweg-Palettendeckel [Bildquelle: Trexel GmbH]

Die Entscheidung fiel nicht nur aus *technologischen*, sondern auch aus *wirtschaftlichen* Gründen eindeutig zugunsten der MuCell®-Technologie aus. Abgesehen davon, dass ein konventionell gespritztes Teil schwerer gewesen wäre und Verzug, Schwund und Einfallstellen unvermeidlich gewesen wären, hätte die Spritzgießmaschine selbst wesentlich größer sein müssen: Für ein konventionell gespritztes Teil wäre eine Schließkraft von 30 000 kN erforderlich gewesen, für ein MuCell®-Teil dagegen nur 17 000 kN – das ist knapp die halbe Schließkraft bei gleicher Teilegröße. Die Firma Loadhog Ltd. hätte in eine viel größere und damit teurere Maschine investieren müssen. Obwohl die Zugabe von chemischen Treibmitteln die Probleme des Verzugs und der Einfallstellen teilweise löste, führte die grobe und ungleichmäßige Struktur des Schaums zu bestimmten Schwachstellen, die sich bei diesem extrem dünnwandigen Teil als besonders nachteilig auswirkten. Dies waren nur einige der vielen Nachteile bei den verschiedenen anderen oben genannten Fertigungsmöglichkeiten, die ursprünglich für das Loadhog-Projekt in Betracht gezogen worden waren.

Zusammenfassend können wir folgende Gründe für das Einsetzen des Schäumverfahrens bei diesem Projekt festhalten:

- erhebliche Reduktion der Investitionskosten
- Gewichtsreduktion um 11 %
- das Zellwachstum sorgt für eine gleichmäßige Druckverteilung in der Kavität
- die Designfreiheit wurde erhöht
- reduzierte Wanddicken bei nicht-strukturellen Bereichen
- erhöhte Dicke in Ecken und Kanten für Steifigkeit und Stoßfestigkeit (6 mm in den Ecken, 4 mm entlang der Seitenkanten, 2 mm Nennwandstärke)

Als Hersteller wissen Sie am besten, welche Funktionen bei Ihrem Produkt wichtig sind. Mit TSG haben Sie einen erheblich größeren Spielraum, ein Bauteil so zu konstruieren, wie es seine spätere Funktion erfordert. Mit anderen Worten: Sie konstruieren das Bauteil für ebendiese Funktion, und nicht für den Spritzgießprozess.

Literatur

[1] GKV: „Kunststoff kann's", URL: *https://www.gkv.de/assets/uploads/20190313_KunststoffKanns_4Auflage_Web_1.pdf*

13 Anwendungsbeispiele aus dem Bereich Medizintechnik

Unter dem Stichwort „Medizintechnik" im Zusammenhang mit dem Werkstoff „Kunststoffe" denkt man unweigerlich an Kunststoffimplantate, einem für den potenziellen Patienten wichtigen Hilfselement zur Aufrechterhaltung oder Wiedererlangung körperlicher Fähigkeiten. Heute werden diese für den Menschen wichtigen Teile überwiegend aus resorbierbaren Kunststoffen gefertigt, die zu den biologisch abbaubaren Polymeren gehören. Beispielhaft sei hier eine Schraube genannt, die den Knochen nach einem Bruch fixieren soll. Die Werkstoffe solcher Implantate müssen natürlich biokompatibel zum menschlichen Körper sein, ebenso wie die Abbauprodukte. Genauso trivial ist die Forderung an die mechanischen Eigenschaften des Implantats, die natürlich einer Spezifikation über den kompletten Zeitraum genügen müssen, in der der Einsatz des Implantats seine Wirksamkeit zu erfüllen hat.

Unser Thema der geschäumten Kunststoffe ist im Bereich resorbierbarer Kunststoffe, wie z. B. ein Polylactid, deshalb von Interesse, da sich über die Schaumstruktur das Spektrum der mechanischen Eigenschaften erweitern lässt, ebenso wie eine Änderung des Degradationsverhaltens [1, 2]. Die Herausforderung zur Produktion solcher geschäumten Implantate liegt jedoch hauptsächlich in der Verfahrenstechnik. Da es sich bei den Implantaten um „Bauteile" handelt, die man als lebensrelevant einzustufen hat, bedeutet dies für die industrielle Produktion, dass die Qualität eines jeden Teiles gesichert Schuss für Schuss in engster Spezifikationstoleranz zu fertigen ist. Hier liegt auch heute noch weiterer Entwicklungsbedarf vor, sodass sich die geschäumten resorbierbaren Kunststoffteile im Medizintechnikbereich noch nicht durchgesetzt haben.

Die Serienanwendungen von TSG-Bauteilen im Medizinbereich sind daher häufig Gehäusebauteile, so wie wir sie in vielen anderen Anwendungsbeispielen schon besprochen haben. Allerdings gibt es auch Entwicklungen mit TSG-Bauteilen, die Funktionsteile innerhalb der Medizintechnik sind. Die Test- und Freigabeprozeduren sind sehr lang, insbesondere wenn es um Medizintechnik im Reinraum geht. Hierbei sollte man aber im Hinterkopf behalten, dass die Treibfluide beim physikalischen Schaumspritzguss Inertgase sind. Das heißt, dass TSG im Reinraum ohne Weiteres möglich ist!

Die zwei Beispiele, die wir im Folgenden beschreiben, machen die außerordentlich vielfältigen Möglichkeiten des TSG-Verfahrens deutlich. Zum einen machte man sich die mikrozellulare Beschaffenheit der Bauteile zunutze, um möglichst genau die Zellstruktur des menschlichen Körpers nachzubilden. Zum anderen erforschte man die Möglichkeiten, TSG-Bauteile mit biologisch abbaubaren Materialien herzustellen.

Das Ziel des ersten Projekts war die Entwicklung eines neuartigen Implantates zur Verstärkung des Schließmuskels zwischen Speiseröhre und Magen zur Behandlung von chronischem Sodbrennen (Reflux). Das ringförmige Implantat sollte um die Speiseröhre platziert werden, um den Mageneingang wieder auf seinen natürlichen Durchmesser zu bringen. Es sollte eine wesentlich nebenwirkungsärmere, schonendere und technisch einfachere chirurgische Behandlungsmöglichkeit geschaffen werden. Weiterhin war neben der konstruktiven Entwicklung des Implantates angestrebt, ein biokompatibles Ringimplantat aus thermoplastischem Polyurethan zu entwickeln. Die Reflux verhütende Effizienz eines solchen Implantats sollte nachgewiesen werden. Für das biokompatible Ringimplantat war die mikrozellulare Struktur, die durch die Anwendung des TSG erreicht wurde, ausschlaggebend.

Am Lehrstuhl für Medizintechnik der TU München entschied man sich für die Entwicklung eines solchen Ringimplantats auf der Basis eines thermoplastischen Polyurethans (TPU), das in einem Spritzgießprozess hergestellt werden sollte, und zwar mit Hilfe der MuCell®-Technologie.

Man schälte bei diesem Bauteil die kompakte Hautschicht auf der Seite ab, die der Gewebestruktur des Körpers zugewandt war. Das Ziel war, dass die Zellen des Körpers zur Gewebsverankerung in die mikrozellulare Struktur des Implantats einwachsen. Bei der Herstellung des Ringimplantats war zu beachten, dass als Treibfluid unbedingt CO_2 verwendet werden musste, da es besser vom Körper abgebaut wird als Stickstoff.

„In einer präklinischen Studie wurden die Implantationstechnik, die Biokompatibilität und die antirefluxive Wirkung untersucht. Es konnte überzeugend nachgewiesen werden, dass die Implantationstechnik praktikabel und zuverlässig ist. Bei einer ausgezeichneten Biokompatibilität wird Reflux sicher und dauerhaft ausgeschaltet." [3]

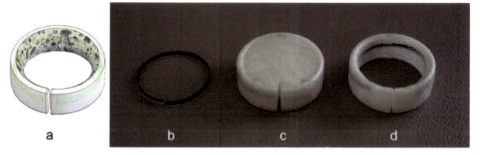

Bild 13.1 Ringimplantat zur Implantation am gastroösophagealen Übergang: a) schematische Darstellung, b) Nitinolring zur Sicherstellung des Verschlusses und als Röntgenkontrastring zur postoperativen Lagekontrolle, c) im TSG-Verfahren hergestelltes Implantat, d) fertiges Bauteil [Bildquelle: Lehrstuhl für Medizintechnik der Technischen Universität München]

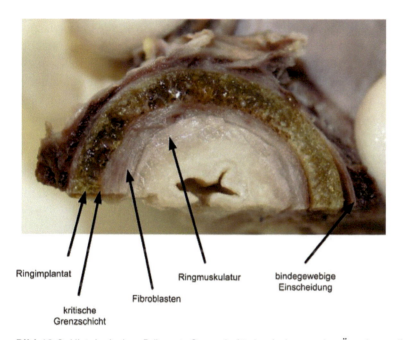

Bild 13.2 Histologisches Präparat. Querschnitt durch das um den Ösophagus liegende Ringimplantat. Die Fibroblasten sind in die poröse Ringinnenseite eingewachsen, die Außenseite des Ringimplantates ist durch Bindegewebe eingeschieden. [Bildquelle: Lehrstuhl für Medizintechnik der Technischen Universität München]

Im zweiten Beispiel ging es darum, TSG-Bauteile mit biologisch abbaubaren Materialien herzustellen. Das Projekt hieß Protec: „Super Critical Carbon Dioxide Processing Technology for Biodegradable Polymers Targeting Medical Applications" und wurde von Rapra Technology koordiniert und von der Europäischen Kommission gefördert.

Als Material wurde ein hochreines PLA verwendet.

Der zentrale Begriff für diese Aktivitäten ist „funktionalisierte Kunststoffe". Es war das Ziel, biologisch abbaubare Materialien mit konsistenten und genau definierten physikalischen und mechanischen Eigenschaften, chemischer Zusammensetzung, Porosität und Abbauprofil zu verwenden. Beispiele für solche Bauteile sind Schrauben, Nägel oder Platten, die bei Operationen im Körper eingesetzt werden. Wenn diese Teile vom Köper nach und nach resorbiert werden, kann eine weitere Operation zur Entfernung dieser Teile entfallen. Darüber hinaus können in die zellulare Struktur des geschäumten Bauteils Medikamente eingelagert werden, die sukzessive an den Körper abgegeben werden.

Die physikalischen und mechanischen Eigenschaften des Produkts mussten die festgelegten Kriterien erfüllen – jedoch lag das Hauptaugenmerk auf der Kontrolle der Porosität, der Kontrolle der Oberflächenhautdicke der geformten Struktur und der Materialzusammensetzung, was zu einer besseren Kontrolle des biologischen Abbaus führte. Dieser Abbaugeschwindigkeit galt die zentrale Aufmerksamkeit. Die Abbaurate bezeichnet die Geschwindigkeit, mit der das biologisch abbaubare Fremdmaterial (Schrauben, Nägel etc.) vom Körper resorbiert wird. Die Herausforderung besteht dabei in dem Angleichen der Aufbaugeschwindigkeit des körpereigenen Gewebes, bzw. der Knochen, und der Abbaugeschwindigkeit des biologisch abbaubaren Materials – so wie eben beschrieben. Beide Phänomene sollten also möglichst gleich sein. Diese Herausforderung konnte mit dem physikalischen Schäumen des funktionalen Kunststoffs PLA gemeistert werden: Die erheblich vergrößerte Oberfläche von geschäumten gegenüber kompakten Bauteilen war der Schlüssel zum Erfolg. Und, wie schon gesagt, konnte die zellulare Struktur zusätzlich als Medikamentendepot benutzt werden.

Auch wenn man anhand dieser beiden exemplarischen Projekte eindrucksvoll aufzeigen kann, was auch im Medizinbereich mit dem TSG-Verfahren möglich ist, muss herausgestellt werden, dass vor dem endgültigen Einsatz im menschlichen Körper nach wie vor die bereits eingangs erwähnte Problematik der Qualität in engsten Spezifikationstoleranzen steht.

Literatur

[1] Pfannschmidt, L.-O.: Herstellung resorbierbarer Implantate mit mikrozellulärer Schaumstruktur, Dissertation RWTH Aachen, 2002
[2] Kauth, T.: Unterstützung von physikalisch geschäumtem Poly-ε-Caprolacton hinsichtlich der Eignung für dynamisch beanspruchte Implantate, Dissertation RWTH Aachen, 2019
[3] *https://forschungsstiftung.de/index.php/Projekte/Details/Bio-Valve.html*, Zugriff am: 28.02.2022

14 Ausblick

Im März 2022 fand in Nairobi die Umweltversammlung der Vereinten Nationen (UN) statt. Dort wurde ein rechtlich verbindliches internationales Abkommen im Kampf gegen Plastikmüll auf den Weg gebracht. Der Hauptgeschäftsführer des VCI (Verband der Chemischen Industrie), Wolfgang Große, kommentierte hierzu: *„Wir müssen Plastikmüll in der Umwelt minimieren und nicht die Produktion von Kunststoffen. Denn sie leisten in fast allen Bereichen unseres Lebens einen wertvollen Beitrag zur Lösung von Problemen. Ohne ökologische Nachteile lassen sie sich selten durch andere Materialien ersetzen. Gerade deshalb müssen wir mit neuen Technologien an ihrer Kreislaufführung arbeiten. Das sollte ein wesentlicher Aspekt des Abkommens werden."* [1]

Wenn man in der einschlägigen Literatur zum Thema „Zukunft des Kunststoffs" recherchiert, dann stößt man zwangsläufig auf unendlich viele Beiträge, die die enormen Umweltbelastungen diskutieren. Es gibt Beiträge, die die totale Verteufelung von Plastik vertreten, und es gibt Beiträge, die differenziert mit der Thematik umgehen wollen. Hierbei werden aber häufig vermeintlich alternative Wertstoffe ins Feld geführt, die bei genauerem Hinsehen einen schlechteren CO_2-Fußabdruck hinterlassen als bei der Verwendung von Kunststoffen. Dieser Widerspruch kommt in der oben zitierten Einschätzung zum Ausdruck. Auch haben wir diese Diskussion zu Beginn unseres Kapitels 12 mit den Beispielen aus dem Bereich der Verpackung geführt. Dabei sollte man sich immer vor Augen führen, dass „Kunststoffe" nicht per se schlecht sind, ihnen wohnt auch keine Motivation zur Umweltzerstörung inne. Nüchtern betrachtet ist „Kunststoff" ein Werkstoff neben vielen anderen, dabei aber ein extrem leistungsfähiges und anpassungsfähiges Material, das aus unserem Leben im 21. Jahrhundert nicht mehr wegzudenken ist.

Neben der Diskussion über die Verwendung alternativer Rohstoffe, also dem Ersetzen von Kunststoff durch andere Materialien, gibt es eine sehr umfangreiche Diskussion zum Thema **„Recycling"**. Auf den nach langer Corona-Pause wieder stattfindenden Messen, Kongressen und Fachtagungen ist es ein beherrschendes Thema. Zwar laufen in dieser Hinsicht etliche vielversprechende Projekte, aber hier tut sich auch eine weitere Problematik auf: *„Kunststoffe sind so vielfältig, wie* *ihre Anwendungsgebiete. Das ist gleichzeitig ein großes Pfund und ein riesiges Problem. Durch die unterschiedlichsten Eigenschaften und Additive können Kunststoffe speziell auf ihren Einsatzzweck zugeschnitten und individualisiert werden. Je individueller ein Kunststoff aber ist, desto problematischer sind die Sortierung und das Recycling am Ende des Lebenszyklus. Denn das Recycling ist auf die häufigsten Sorten Kunststoff abgestimmt und weiß mit seltenen Sorten nichts anzufangen."* [2]

Was wir in der Fachliteratur und bei den eben genannten Themenkomplexen vermissen, ist eine vergleichbar engagierte Diskussion und industrieweite Umsetzung des Schäumens von Kunststoffen – schon allein um die Menge an Polymer zu senken. Wir haben in unserem Buch das Motto „Weniger ist mehr" verwendet. Wir konnten durchgehend, wie an einem roten Faden, aufzeigen, dass das Schäumen von Kunststoffen zunächst einmal – ganz banal – das Ersetzen von Kunststoff durch „Luft" bedeutet. Allein dieses Phänomen schont schon die Umwelt. Wir konnten ebenso aufzeigen, dass das Potenzial des Schäumens weit darüber hinausgehen kann. Das Schäumen von Kunststoffen eröffnet den Weg zu kreativen und rohstoffsparenden Lösungen für Ingenieure und Konstrukteure, die mit dem herkömmlichen Spritzgießen nicht möglich sind. Wir haben in der Einleitung des Kapitels 9 allein im Bereich Automotive die enormen positiven Effekte bei der Einsparung von CO_2-Emissionen dargestellt, die durch das Schäumen erzielt werden können.

Nutzen wir doch das enorme Potenzial des physikalischen Schäumens und ersetzen wir den Kompaktspritzguss, wo immer es technisch sinnvoll ist. Eine Analyse der marktgängigen Kunststoffbauteile zeigt doch schnell anhand der Teilegeometrie, dass mindestens 50 % aller Bauteile geschäumt werden sollten. Die Zukunft wird uns zeigen, dass neben dem Kompaktspritzguss ein weiteres Standard-Spritzgießverfahren TSG heißen wird.

Literatur

[1] Schopen, A.: *Kunststoff Magazin*, URL: news@kunststoff-magazin.de, Zugriff am: 10.03.2022
[2] Mays, V.: *Der Kunststoff der Zukunft – alles bio oder was?*, URL: https://oekoprog.org/kunststoff-der-zukunft/, Zugriff am: 02.6.2021

Die Autoren

Dr.-Ing. Hans Wobbe wechselte nach mehreren Managementpositionen in der Aufbereitung von Kunststoffen, u. a. als Leiter der Entwicklung der Werner & Pfleiderer GmbH in Stuttgart, vom Compoundieren in den Spritzguss.

Die Kombination beider Technologien wurde unter seiner Verantwortung als Geschäftsführer Technik der Krauss-Maffei Kunststofftechnik GmbH, München, erstmals produktionssicher und marktreif entwickelt. Während seiner Tätigkeit als Geschäftsführer Technik/Produktion der österreichischen Engel Holding GmbH lag ein besonderer Focus in der Entwicklung einer kompletten Produktpalette voll-elektrischer Spritzgießmaschinen. Weiterhin wurde in der Produktion der Aus- und Neubau von Werken insbesondere in Asien (Korea und Shanghai/China) forciert.

2010 gründete er als selbständiger Unternehmensberater zusammen mit Dr.-Ing. Erwin Bürkle die Partnerschaft Wobbe Bürkle Partner, die heute unter Wobbe & Partner firmiert. Dabei war er im Namen eines Mandates viele Jahre bei der Firma Yizumi Precision Machinery in China als Vorstand für Strategie tätig.

2014 wurde er in China vom „State Administration of Foreign Experts Affairs" (SAFEA) zum Foreign Expert ernannt und ist seitdem „Member of 1000 Expert Plan".

Dr. Hartmut Traut schloss nach seiner Berufsausbildung zum Industriekaufmann und dem Abschluss der Fachoberschule sein erstes Studium als Diplomkaufmann ab. Sein zweites Studium, Lehramt/Sekundarstufe II mit beruflicher Fachrichtung, beendete er 1982 und promovierte danach zum Dr. phil.

1987 gründete er die Firma Centro Kontrollsysteme GmbH, die bis heute Kontroll- und Sortiersysteme für die Verpackungsindustrie entwickelt und herstellt und war deren geschäftsführender Gesellschafter.

Nach dem Verkauf der Firma 1994 arbeitete er 8 Jahre als Sales und Marketing Director bei Thermo Detection und war für die Gebiete Europa, Mittlerer Osten und Afrika verantwortlich. Die Produkte umfassten chemische und optische Erkennungssysteme für die Nahrungsmittel- und Getränkeindustrie.

Danach war er 19 Jahre lang als Business Director von Trexel für Europa tätig, zuletzt Vice President International Relations. Er trug dazu bei, Europa zu Trexels größtem Markt aufzubauen. Die von ihm aufgebauten Partnerschaften hatten großen Einfluss auf das weltweite Wachstum des Unternehmens. In Anerkennung seiner langjährigen Tätigkeit und seiner Rolle bei der Entwicklung von Trexel hat das Unternehmen ihm den Ehrentitel „Vice President Emeritus" verliehen.

Stichwortverzeichnis

Symbole

2K-Schaumspritzgießen 18
3D-Effekt 208

A

Abbaurate 220
Abkühlgeschwindigkeit 61
Additive 13
Adsorption 43
Aluminiumwerkzeug 156, 175
Angussgestaltung 72
Angusssystem 151
Anlageninvestition 7
Anspritzpunkt 60, 78
Anspritzung
– kaskadiert 151
AquaCell®-Verfahren 28
Auswerfer 154
Autoklav 26, 27

B

Barrierebeschichtung 208
Barrierebeschriftung 208
Bauteilauslegung 88
– topologische 167, 171, 177, 192
Bauteildesign 7
Bauteildichte 37, 117
Bauteilfestigkeit 127
Bauteilgeometrie 99
Bauteilqualität 168
Bauteilverzug 112, 201

Befestigungselement 66
Biegeversuch 117
Bindenähte 76, 87, 105, 150
Biokompatibilität 218
Blasendichte 94
Blasendurchmesser 108
Blasenstruktur
– Homogenität 136
Blasenwachstum 88
– Geschwindigkeit 92
Boundary-Layer-Mesh 97
Bruchdehnung 118

C

Cadmould 87, 89, 95
Cellmould®-Verfahren 21, 140
Class-A-Oberflächen 155
CO_2-Bilanz 166
CO_2-Fußabdruck 173, 206, 221
CO_2-Label 165
Copolymere 122
Core Back 94

D

Dämpfungseigenschaft 186
Designfreiheit 209
Designleitfaden
– TSG Bauteile 59
Dichteabnahme 59
Dichtereduktion 110
Dichteverteilung 109, 110, 158

Diffusion *44*
Dimensionsstabilität. *192*
DIN 16742 *146*
Direktbegasung *XV*
Dolphin-Verfahren *179*
Dosiereinrichtung
– extern *10*
Dosierverhalten *136*
Dreiplattenform *73*
Druckkammerschleuse *139*
Dünnwandbauteil *101*
Dünnwandtechnik *196*
Dünnwand-Verpackungen *211*
Durchstoßversuch *117, 120*

E

Einfallstellen *35, 59, 112, 173, 214*
Einphasengemisch *42, 44, 134*
Einspritzdruck *107, 207*
Einspritzeinheit *133*
Einspritzgeschwindigkeit *49, 87, 142*
Elektro-Bauteil *189*
Entgasungsschnecke *134*
Entlüften *61, 66*
Entlüftung *70, 100, 152*
ErgoCell®-Verfahren *21*
Etagenwerkzeug *74, 182*
Expansion *161*

F

FEM-Berechnung *186*
Flammschutz *189*
Fließfaktor *60, 77*
Fließfront *65*
Fließhilfe *212*
Fließweg *184*
Fließwegende *104*
– Dünnstellen *105*
Fließweg-Wanddicken-Verhältnis *60, 80, 151, 185*
Formteil
– Verzug *36*

Formteilfüllung
– balancierte *212*
Fülldruck *84*
Füller *126*
Füllstoffe *65, 91, 125*

G

Gasausbeute *12*
Gasdiffusionsgleichung *92*
Gasdosierstation *6, 15, 25, 144*
Gehäusebauteil *190*
Gewichtsreduktion *35, 106, 169, 194*
Gewichtsreduzierung *196*
– durch Dichtereduzierung *207*
Glasfaser *125*
Glasfaseranteil *112*
Glastemperatur *89*
Grundwanddicke *182*

H

Haut-Kern-Verhältnis *19*
Heißkanal *98*
Heißkanaldüse *97, 150*
Heißkanalsystem *74*
Herstellkosten *195, 196*
Hochdruckprozess *16*
Hochdruck-TSG-Verfahren *157, 159*
Homopolymere *122*

I

Implantat
– geschäumt *217*
Inertgas *15, 33*
In-Mould-Verfahren *40, 209*
Integralschaum *34, 37*

K

Kaltkanalanguss *71*
Kavität *76*
Keimbildung *90*
– heterogene *46*

Kennwerte *115, 116*
Kohlenstoffdioxid *15*
Kombinationstechnologie *1*
Kompaktspritzguss *36, 49, 55, 76, 131*
Korrosion *13*
Kriechgeschwindigkeit *120*
Kriechverhalten *117*
Kühlzeiten *7*
Kunststoffe
– biobasierte *205*
– funktionalisiert *220*
Kunststoffimplantat *217*
Kunststoffverpackungen *205*

L

Leichtbau *165*
Leichtbaudesign *7*
Leichtbaueigenschaft
– stoßdämpfende *204*
Lippengeometrie
– asymmetrisch *212*
Lunker *151*

M

Massachusetts Institute of Technology *XV*
Maßgenauigkeit *192*
Maßhaltigkeit *173, 210*
Masterbatch *11, 33*
– Zersetzungsprozess *33*
Matrixpolymer *42, 127*
Mehrkavitätenwerkzeug *151*
MeltFlipper® *72*
Mikrosphären
– expandierbare *29*
Mischgeometrie *137*
Mischzone
– Geometrie *44*
Moldex3D *87, 89, 91, 103, 111*
Moldflow *87, 94*
Monomere *122*
MuCell®-Verfahren *20, 66, 87, 138*

N

Nachdruck *72, 101, 156*
– Umschaltpunkt *102*
Nadelverschlussdüse *14, 22, 74, 141*
Niederdruckprozess *16*
Niederdruckverfahren *130*
Nukleierung *87*
– heterogene *126*
– homogene *46*
Nukleierungsmittel *14*
– heterogenes *125*
Nukleierungsrate *90*

O

Oberflächendefekt *155*
Oberflächenspannung, *92*
OptiFoam®-Verfahren *22*

P

Plastifizieraggregat *99*
Plastifiziereinheit *150*
Plastifizierung *133*
Plastinum®-Verfahren *26*
Plattenaufspannmaß *131*
Plattendurchbiegung *130*
Polyamid *125, 163*
Polymer
– geschäumt *115*
– Verarbeitungstemperatur *13*
Polymerblend *122*
Polymerlegierung *122*
Polypropylen *124, 211, 213*
post blow *75, 211*
ProFoam®-Verfahren *25, 138*

R

Randschichtdicke *35, 37, 48, 117*
Recycling *221*
Recyclingsystem *206*
Rippendesign *64*
Rückstromsperre *20, 140*

S

Sandwich-Schaumspritzguss 57
Schallisolation 39
Schaummorphologie 47
Schäumprozess
– Simulation 97
Schaumstruktur 117, 136
– homogene 158
– mikrozellulare 213
Schließkraft 107, 131, 200
Schmelzefestigkeit 160
Schmelzetemperatur 47, 48
Schneckengeometrie 134, 140
Schraubdom 68, 70, 176
Schubschnecke 140
Schwindung 37
– volumetrische 112
Schwindungsverhalten 18
Sichtbauteil 160
Silberschlieren 29, 40, 51, 151
SmartFoam®-Verfahren 24
Soft-Touch-Oberfläche 179
Sorption 44
Sperrring 140
Spritzgießmaschine
– holmlose 132
Spritzgussparameter 101
Standard-Mischschnecke 129
Startgaskonzentration 102
Steifigkeit 158
Stoßfestigkeit 215
Strukturschaum 33

T

Teildesign 63
Teilegeometrie 6
Temperierung
– dynamische 56
topologisches Design 86
TPE-Oberflächen 159
TPU 204, 218
Treibfluid
– überkritisch 20
Treibhausgas 206
Treibmittel 9
– chemisch 10
– endotherm 13
– exotherm 12
– physikalisch 14
– überkritisch 89
Treibmitteldosierstation 20
Trexel
– Richtlinien 87
Trockeneis 15
TSG
– im Reinraum 218
– Systematik 9
TSG-Verfahren
– mit Öffnungsbewegung 132
– Standard 132, 146

U

überkritischer Bereich 43
UCC-Prozess 14, 16
UL-Regel 189
Umschaltpunkt 106
Urformprozess 6

V

VDI-Richtlinie 2021 VI, XVI, 146, 204
Verbundwerkstoff 196
Verstärkungsstoff 127
Verzugsminimierung 172
Viskositätsreduzierung 77, 88
Vorbeladungsverfahren 26
Vorkammerbuchse 154
Vortrocknung 126

W

Wanddicke 63, 64, 184, 196
– nominal 65
Wärmeisolation 39
Wechseltemperierung 51, 173
Werkzeug
– expandierbar 17

– Innendruck *50*
– Wandtemperatur *50*
Werkzeugaufspannfläche *146*
Werkzeugaufspannplatte *134*
Werkzeugbeschichtung *155*
Werkzeuggeometrie *18*
Werkzeuginnendruck *191*
Werkzeugkühlung *75*
Werkzeugtemperatur *153*

Z

Zelldichte *12, 15, 109*
Zellkoaleszenz *46*
Zellnukleierung *12*
Zellorientierung *33*
Zellwachstum *46, 78, 88*
Zugversuch *117*
Zykluszeit *16, 18, 63*
Zykluszeitreduzierung *192*